受益终生的思维方式

格局观

吴国明 / 著

中國華僑出版社
北京

图书在版编目（CIP）数据

格局观：受益终生的思维方式 / 吴国明著 . —北京：
中国华侨出版社，2019.8
ISBN 978-7-5113-7929-0

Ⅰ . ①格… Ⅱ . ①吴… Ⅲ . ①思维形式—通俗读物
Ⅳ . ① B804-49

中国版本图书馆 CIP 数据核字（2019）第 148963 号

格局观：受益终生的思维方式

著　　者 / 吴国明
责任编辑 / 王　委
责任校对 / 孙　丽
经　　销 / 新华书店
开　　本 / 670 毫米 ×960 毫米　1/16　印张 / 15　字数 / 181 千字
印　　刷 / 三河市华润印刷有限公司
版　　次 / 2019 年 9 月第 1 版　2019 年 9 月第 1 次印刷
书　　号 / ISBN 978-7-5113-7929-0
定　　价 / 42.00 元

中国华侨出版社　北京市朝阳区静安里 26 号通成达大厦 3 层　邮编：100028
法律顾问：陈鹰律师事务所
编辑部：（010）64443056　　64443979
发行部：（010）64443051　　传真：（010）64439708
网　址：www.oveaschin.com
E-mail：oveaschin@sina.com

前言

有一句谚语说：再大的饼也大不过烙它的锅。气度与格局，就是我们人生的锅子，一个人的现实状态、未来成就，都要受到这口锅的限制。

生活中有一些人，本来拥有出色的才能与优越的背景，但是却缺乏应有的胸怀和气魄。他们将眼光和思维局限在了一个狭隘的空间当中，遇事则怨天尤人、自暴自弃，既耐不住寂寞又缺少理性，以致人生之路越来越灰暗。而一个拥有气度和格局的人，总能用超然的胸怀来对待自己、别人和对待生活。在事业中，他们能够从大处着眼、从小事入手，遇到一些困难和挫折不会选择退却和放弃，而是勇敢地承担起责任；在生活中，他们能够做到心胸豁达，有容人之量，不会患得患失，斤斤计较。他们最终在格局的影响下，一步一步走向成功。

其实人与人的差距是很小的，但最后的成就却有天壤之别，其中重要的原因就是心中的格局大小有差异。有一句话说，一个人的格局与心胸是被痛苦和委屈撑大的。仔细想来，不无道理。

格局并非天然而生，是不断的人生求索与雕刻磨砺后的获得，它是时间与经历的馈赠。当你见过山外之山、人上之人，便会懂得眼下的成功不值得沾沾自喜，生活的琐事也无足轻重；当你历经过人生大大小小的沟壑，便会明白我们一次次地遭遇挫折与苦难，不是命运不济，而是为了收获超凡的智慧和豁然的宽容。所有不慌不乱的自信，不卑不亢的气度，不以物喜的淡然，不过是人生历练后的格局沉淀。

所谓“态度决定高度，格局影响结局”。如果我们想追求更好的发展与未来，就应该先为自己修炼出一个大的人生格局来。有了大格局之后，就能够对事业和成功有一个正确的把握，也能对各种资源进行合理的分配，长此以往，知行合一，你的未来之路将越走越宽广，越来越光明。

目录

contents

[上篇　大格局的表现]

第一章 / 意识的深度：大格局有大觉悟

1. 拥有怎样的格局，就拥有怎样的命运　003
2. 格局不够大，成就再高也有限　007
3. 敢于打破心理的局限，才能突破人生　010
4. 摒弃只为口粮奔忙的生活态度　013
5. 盲从就是对人生的不负责任　017
6. 成功是需要双向选择的　020

第二章 / 眼界的长度：大格局有大视野

1. 明确的目标为努力增值　024
2. 挫折是人生必经的过程　028
3. 别把自己定位成失败者　031
4. 不追求违背客观规律的速成　034
5. 输得起才能赢得起　037
6. 对可能出现的问题做好准备　041

第三章 / 胸怀的广度：大格局有大度量

1. 器量大小决定事业的大小 045
2. 用人之可用之处，不求全责备 048
3. 别让猜疑心毁了你的生活 051
4. 宽仁是智者的生活态度 054
5. 看淡名利得失，全身心地追求事业 057
6. 良性竞争，克服嫉妒心理 060

第四章 / 定位的高度：大格局有大志向

1. 定位高的人不会让人生得过且过 063
2. 既要胸怀大志，又要从点滴做起 067
3. 胆识来自对自己能力的认可 070
4. 摒弃打工者心态，把工作当成事业 073
5. 为了明天的成功，耐住今天的寂寞 076
6. 合理地安排可支配的时间 079

[中篇 大格局的力量]

第一章 / 大格局成就人格魅力

1. 大格局强调稳健的精神气象 085

2. 与人合作，要有“主力”心态 089
3. 把自己放在诚信的至高点上 092
4. 注重口才培养，语言表达恰当得体 095
5. 提升礼仪修养，待人接物彬彬有礼 099

第二章 / 大格局带来“马太效应”

1. 追求成功是每个人与生俱来的权利 101
2. 有做大的决心，才有远大的前程 103
3. 先有独立之精神，后谈人生之事业 106
4. 相信自己的能力，激活潜在的能量 109
5. 面对现实，磨砺自己的承受力 112

第三章 / 大格局激发行动力

1. 行动才能带来改变 116
2. 决不敷衍，敬业精神决定职业高度 118
3. 修剪枝叶，快速去除身上的恶习 122
4. 主动找一个强大的对手比拼 125
5. 内心强大的人不怕被拒绝 127

第四章 / 大格局决定决断力

1. 明天的人生取决于今天的选择 131
2. 站在一定的高度上看得失 134

3. 让 20%的付出得到 80%的收益 136
4. 抛开薪水，选择终生感兴趣的事业 140
5. 分清轻重缓急，抓住主要矛盾 143
6. 目光放长远，不做蜗角之争 146
7. 在无关大局的事情上，不与人较真儿 148

[下篇　大格局的修炼]

第一章 / 大格局来自优化的知识结构

1. 勤于学习，善于学习 153
2. 在社会实践中学习知识 156
3. 运用知识的同时，注重独立思考 159
4. 在工作中学习，不断更新自己 163
5. 根据职业选择需要学习的核心知识 166
6. 知识只有被使用才会成为力量 169

第二章 / 大格局来自完善的性格力量

1. 敢闯才能获得无限成功 172
2. 冒险不是赌博，而是看准方向再行动 176
3. 特殊时期，“鸡蛋也可以放在一个篮子里” 179

4. 时机永远不会成熟，要敢于抓住机遇 181
5. 在第一时间作出决策，主动出击 185
6. 方向不对，就要学会放弃 188
7. 想掌控未来，就要对未来有所预见 191

第三章 / 大格局来自积极的处境改变

1. 远离安逸但僵化的工作 195
2. 离开没有前途的领导者 197
3. 主动表现，增加自己“曝光”的机会 200
4. 周围的环境，不是你低层次定位的借口 203
5. 可以贫困，但不能屈服于贫困 206
6. 做适应环境者，然后做强者 209

第四章 / 大格局来自卓越的强项突破

1. 读懂自己，认清自己的长处 212
2. 选择与自己的强项相结合的事业 215
3. 找准自己的位置，不要站错舞台 218
4. 把简单的工作做到尽善尽美 220
5. 换个角度思考，让运气转身 224
6. 让自己的长项与别人的长项互通有无 227

上篇

大格局的表现

一个人的发展往往会受到局限，其实“局限”就是格局太小，为其所限。谋大事者必要布大局，对于人生这盘棋来说，我们首先要学习的不是技巧，而是布局。大格局者以大视角切入人生，力求站得更高、看得更远、做得更大；大格局决定着事情发展的方向，掌控了大格局，也就掌控了局势。

第一章
意识的深度：大格局有大觉悟

心有多大，梦想就有多大；格局有多大，成功就有多大。不同的人有着不同的命运，其区别主要取决于一个人格局的大小。格局大者能够体验到“会当凌绝顶，一览众山小”的喜悦，而格局小者只能发出“瞻题蕴精奥，守位重仔肩”的感慨。我们要想取得成功，就不要只停留在羡慕别人的成就上，而要懂得为自己确立一个大格局。

1. 拥有怎样的格局，就拥有怎样的命运

一个人的命运不是取决于上天的安排，而是取决于他自身的人生格局。很多大人物之所以能够取得成功，是因为他们在自己还是小人物的时候就在培养人生格局。他们心胸开阔，没有因环境的不利而妄自菲薄，也没有因能力的不足而自暴自弃。他们在气势、性格和信念上拥有了常人所不能拥有的东西，他们能够用发展的、全局的、战略的眼光看待生活和工作，他们相信通过自己的努力一定能够获得成功。而那些格局小的人，往往会因为生活的不如意而怨天尤人，因为一点小的挫折就一筹

莫展，看待问题的时候常常是一叶障目不见泰山，因此，也就不可避免地成为了碌碌无为的人。

哲学家经过一处建筑工地，看见三个工人正在烈日下汗流浃背地砌墙。他想和他们交流一下，于是走上前去问道："哎，朋友们，你们在做什么啊？"

第一个工人转过身来，没好气地扔掉手中的工具，不耐烦地对他说："你的眼睛瞎了吗？没看见我在砌墙吗？这么热的天，我还要干这种活儿，真是遭罪！"看样子，这个工人对手中的工作十分不满。

第二个工人没有转身，他一边砌墙，一边回答说："我在上班呢。虽然这个工作比较累，但是每天能收入几十美元，至少可以养活我的家人。对不起了先生，我要干活儿了，今天的工作量完不成的话，恐怕今天我就要喝西北风了。"哲学家看得出来，这位工人虽然对这份工作不满意，但是为了生活他已经习惯了。

第三个工人好像对自己的工作很感兴趣，一边工作一边愉快地回答道："我在建造世界上最坚实、最漂亮的一幢别墅！过一段时间您再来的话，一定能够看到我亲手建成的别墅。"

后来，第一个工人由于对工作不满意辞职了，在以后的几年里，他接连换了很多种工作，但都在新鲜劲儿过后又感到厌倦……周而复始，最终一事无成；第二个工人老老实实地砌了几十年的墙，养活了自己的一家老小，但至死仍然是一个砌砖匠；第三个工人先是成了一名包工头，后来又成了一家房地产公司的经理，他设计、建筑的大厦、别墅、公寓楼得到了客户们的一致好评。

三种不同的人生格局造就了三种不同的命运。在现实生活中，每个人都渴望获得上天的眷顾。不过，我们应该明白，绝大多数的好运气都不是上天赐予的，而是由自己争取的。格局大者对人生有高远的目标，他们绝不会把自己局限在狭小的目标之内，而是准备将事业做到最大，因此，他们踏平障碍，最终成为了成功者；而一个格局狭小的人，脑海中有着太多自设的阻碍，他们只能看到眼前的东西，缺少对未来的规划，最终成为了失败者。

克洛克是一家小型混乳机销售公司的领导。混乳机是一种能同时混合拌匀五种麦乳的机器。1954 年，他在加利福尼亚州圣贝纳迪诺城发现了一家小餐厅，这家餐厅的名字叫麦当劳，老板是两兄弟——理查德·麦当劳和莫里斯·麦当劳，俩人向克洛克购买了 8 台机器。这对当时的克洛克来说是一张大订单，他决定亲自出马和兄弟俩谈这笔生意。克洛克来到圣贝纳迪诺城，发现这家餐馆的生意非常火爆，许多顾客为了买到他们做的牛肉饼不惜排几个小时的队。

于是，克洛克向兄弟俩提议："既然你们的生意这么火，应该多开几家分店才对啊。"不过两兄弟却摇了摇头，哥哥指了指对面的山坡说："你看到山上的那栋房子了吗？那是我们两个人的家，我非常喜欢住在那里。假如我们开了连锁店的话，我们回家的时间就会少了。"

克洛克想了想，觉得这是一个能让自己发财的机会。于是，他就向两兄弟提出了由他来开设分店的想法。克洛克向他们许诺，如果能够让他来开分店的话，两兄弟每年可以抽取 5 % 的利润。两兄弟答应了他的要求。

1955 年 4 月 15 日，克洛克在芝加哥郊区开了第一家麦当劳餐厅的分店。后来，随着利润的增加，克洛克又及时增设了别的分店。到 1960 年，麦当劳餐厅已经拥有了 280 家连锁分店。在 1968 年之前，麦当劳餐厅每年大约有 100 家分店陆续开张，此后就变成了每年 200 家以上。

1961 年，事业越做越大的克洛克决定以 270 万美元的价格向麦氏兄弟买下主权——包括名称、所有商标、版权以及烹饪处方等。从此之后，麦当劳餐厅的所有权就属于克洛克一个人了。克洛克说："他们比我年轻，可是他们歇手了。我可不能抛锚，当你年轻的时候只要能奔，就得前进，到你老了，一停手就会僵化。"

现在，麦当劳成为了全球最大的快餐连锁店之一。克洛克这样说："如果一个人的野心仅仅停留在一个非常小的空间里的话，麦当劳是不会需要他的。"

大千世界，芸芸众生，不同的人有着不同的命运。造成不同命运的原因主要是每个人的人生格局不同。一个人的格局越大，成就也就越大，格局越小，成就也就越小。我们要想取得长久的进步和发展，就要懂得培养自己的人生大格局，主动进行思想和认识上的提升，抛弃脑海中的条条框框，尽情地舒展人生，创造一个更高远更广阔的人生平台。

2. 格局不够大，成就再高也有限

一棵石榴树的种子，如果把它放到花盆里栽种的话，最多只能长到半米多高；如果把它种在一个大一点的盆子里，就能够长到一米多高；如果把它种在庭院的空地上，就能够长到五米以上。同一颗石榴种子，由于生长环境不同，所获得的结局也就不同。其实，我们的人生也是如此。如果一个人将自己放在比较狭小的格局当中，那么，他就会像鱼缸里的鱼一样，只能透过玻璃去看外面的世界。相反，如果他将自己放在比较广阔的格局当中，他就能犹如天空中的飞鸟一样，自由舒展，快乐飞翔。

小格局是成功的主要障碍。如果一个人被小格局所束缚，那么他的目光必然短浅，缺乏创新意识和危机意识，更缺乏主动进取的热情。一个人如果陷在了小格局当中，即使他很有才华，能够在某些领域取得一些成就，那些成就也是有限的。

王安石在他的《临川先生集》中曾讲过这样一个故事：

金溪县的乡民方仲永，世世代代都是农民。方仲永长到5岁的时候，还不认识笔墨纸砚。但是有一天，他却突然啼哭着向父母索要这些东西。他的父亲对此感到非常诧异，就从邻居家借来了笔墨纸砚给他。方仲永当即写下了四句诗，并且写上了自己的名字。这首诗的主要内容是讲孝敬父母、友爱族亲的。他的父亲当即就拿着这首诗让一个秀才评点。秀才看后，不相信这诗出自一个5岁孩童之手，决定当场考校。秀才来到方仲永面前，随手指了一个物品让他作诗。结果方仲永当场就写了出来，并且诗才不凡。

同县的人都为这件事感到惊奇，渐渐以宾客的礼节对待他的父亲，有的人还花钱求方仲永题诗。他的父亲认为这样有利可图，每天拉着方仲永拜访同县的人，却不让他学习。

明道年间，王安石随先父回到家乡，在舅舅家里见到他，此时方仲永已经十二三岁了。让他作诗，写出来的诗已经不能与从前的名声相称。又过了七年，王安石从扬州回来，再次到舅舅家，问起方仲永的情况，回答说："他的诗才已经完全消失，成为普通人了。"

方仲永有着比别人高出许多的天资，如果能够好好利用这一点的话，日后必不会逊色于他人。然而，他的父亲目光短浅、格局狭隘，只看到了眼前的利益，结果因此耽误了方仲永的一生。想要成功，天赋很重要，但天赋也仅仅是其中一个因素。格局太小，足以扼杀一个人的天赋，毁掉他的前途。哪怕他曾经取得了一些成就，随着时间的推移，也终将会无可奈何地进入普通人的队伍中。

小崔进入工厂后，由于工作踏踏实实、一丝不苟，五年之后成为了生产车间的主任。这让周围的人羡慕不已，小崔也常为此沾沾自喜。

带着这份喜悦，本以为会是同学聚会上“焦点”的小崔，却感到了一丝失落。因为在他这个车间主任之上，冒出了个工厂的领导。酒足饭饱之后，“领导”对小崔说：“哥们儿，以你的经验和资历也完全可以‘自立门户’嘛！”“领导”说话时，可能带着点酒意，但也确实是实话。那时是“下海”创业的高峰期，很多有野心的人都自己成立了公司。

小崔当时的心里也有点儿不痛快。回家后，就把这事和老婆说了，他老婆吃惊地说：“这样的‘野心’可千万不能有，我们现在这样不是挺好的吗？弄不好的话，鸡飞蛋打，我们这些年的成果可就都没有了啊！”小崔想想也是，于是又开始满足于他车间主任的成就，打消了这个念头。

时间转瞬即逝，又十年过去了，小崔也变成了老崔，还是做着他的车间主任。但是好花不常开，不久就遇到了厂里的人事大整顿，领导要给厂里“换新血”，而且还换到了老崔的头上。老崔感到十分生气，觉得领导是卸磨杀驴，过河拆桥。但是，抱怨再多也改变不了被替换的结局。

小崔之败，败在了格局上。他把自己放在了一个狭隘的空间里，对生活、对自己都失去了目标。当初，小崔如果能够有更长远的打算，对生活有更高的追求，十年之后，他即便不能自主创业，做不成“崔老板”，也能做个“崔经理”。但是，小崔刚刚做了车间主任就心满意足了，就觉得自己是成功人士了，也因此，在之后的工作和生活中甘于现状、缺少激情，也就失去了进一步发展的可能。最终，他那车间主任的“成就”也烟消云散了。

在生活和工作中，人生目标是需要始终存在、不断更新的，不能因为取得一点小小的成绩就沾沾自喜、自我陶醉，更不能因为一点小的收获就停滞不前。每个人都应该“登高而望”“更上一层楼”，将目光放长远一些，将胸襟放大一些。只有我们看得远了，才能够走得更远，只有走得远了，才不会迷恋于一些不值一提的所谓的“成就”。

3. 敢于打破心理的局限，才能突破人生

很多时候，我们并不是不想取得成功，也不是不想努力奋斗，但是，往往会因为一些客观因素的阻挠和羁绊而苦恼不已。在受到阻挠之后，我们会把这些东西归结为个人能力、外部环境或社会时代的局限。在这种心态的影响之下，也就产生了诸如“生死有命、富贵在天”的想法，做起事情来就失去了动力和激情。

实事求是地说，局限是一定会存在的。每一个社会时期和历史发展阶段都会有对人的追求起到一定限制作用的因素。这就要求我们在做事情的时候，考虑到社会和历史的条件。但是，这并不是说，当我们遇到一些限制的时候就应该退出或者转身。绝大多数情况下，我们感觉受到的限制并不是因为社会的原因，也和时代没有什么关系，那不过是自卑的心理为自己设定的障碍罢了。正是因为我们把自己放在了一个狭隘的范围之内，才会让自己感到困难重重，从而产生了“不可能”的思想。

一切的困难和限制只不过是人的心障。因为害怕困难，我们就给自己的思想设置了一堵墙，把自己关在墙内，不敢越雷池一步。其实，只要我们敢于打破这种心理的限制，就会发现，困难并没有那么可怕，成功也并没有那么遥远。

意大利人米什尼登上了珠穆朗玛峰之后，受到了全世界的关注。有一些记者特地赶来采访他。

记者问道："海拔8000米的高度被登山运动员称为'死亡高度'，你是怎么做到在这氧气极为稀薄的死亡高度不带氧气瓶而成功登顶呢？"

米什尼回答说："其实我的肺功能和一般人差不多。我只不过是想证明一下8000米的高度不是人的死亡高度罢了。当我登上8000米的高度时，我感到体力不支、呼吸困难，但是我觉得只要有信心，就一定能够突破这种局限。当然，我并没有鲁莽地去做，而是每走一步都要停下来深呼吸20次，吸入维持生命活力的氧气后再继续。"

记者又问道："别人登上高峰的时候都会携带一面自己国家的国旗，而您却掏出了一块手帕，这块手帕对您来说有什么重要意义吗？"

米什尼笑了，他说："这块手帕并不是别人想象的那样充满浪漫的情调，它不是我的妻子也不是我的情人送的，而是我从商店里买回来的。我掏出这块手帕在高峰上挥动，只是想告诉别人，我登上珠穆朗玛峰就像爬上自己家的屋顶那样普通。我不带国旗，就是想告诉人们，只要敢于突破心中的局限，就能够登上这个高度。不管你是意大利人还是其他国家的人。"

人生所能到达的高度，往往就是人们在心理上为自己选定的高度。如果一个人心中从来没想过到达顶峰，那么，他也就永远不会获得成功。

纵观历史，每一次创造，每一次新事物的出现，每一个平凡人的成功，都是突破局限的结果。假如所有人都给自己设定在狭小的范围内，设置太多的条条框框的话，我们的世界就不会是现在这个样子了。

贫穷乡村里的两兄弟再也无法忍受贫困的生活，决定去海外发展。哥哥来到了美国旧金山，弟弟则跟着别人来到了菲律宾。从此之后，兄弟两人天各一方，开始了各自的生活。

四十年过去了，兄弟两个人终于再次见面了。现在的他们已经不再是当初的穷小子。哥哥在旧金山开了一家中式餐馆和一个杂货店，过上了小康的生活。他的孩子们都能自食其力，对他也非常孝顺。弟弟则成了身价上亿的银行家。他在东南亚拥有数量相当可观的山林、橡胶园和银行。

不管怎么说，两个人的生活都比四十年前强了许多，只不过，兄弟两人取得的成就却是天壤之别。原因是什么呢？

哥哥说：“我们华人来到美国之后，因为人生地不熟，只能去干别人不愿意干的活儿。我们没有什么特别的才能，只能用一双手给人洗衣服做饭。只要是别人不愿意做的工作，我们都做了。也正是因为我们做了别人不愿意做的工作，才解决了基本的生活问题，至于事业，就真的不敢想象了。因为，想了也是白想，根本就办不到。”

哥哥说完之后，又长叹一声，羡慕起弟弟的幸运来。弟弟却告诉他："这个世界上并没有什么幸运。在离开家乡的时候，我就发誓要干出一番名堂。我不缺力气，也有头脑，我相信总有一天能够成功。在我刚刚来到菲律宾的时候，也从事一些收入低微的工作。不过，一段时间之后，我发现有些事情他们不敢想，更不敢做，我就感觉自己的机会来了，于是便做了他们不敢想、不敢做的事业，慢慢地不断收购和扩张，生意便逐渐做大了。"

我们应该相信自己的能量，不能主观地自我设限。毕竟，很多事情的解决并不是我们的能力达不到，而是因为我们给自己设的"局"太小。土耳其有句谚语："每个人的心中都隐藏着一头雄狮。"只要我们不对自己作出太多的限制，不给自己设定狭窄的格局，就一定能够将不可能变为可能，让成功不再遥远，最大限度地实现人生的意义。打破小格局，突破自我限制，就能拥有更广阔的人生空间了。

4. 摒弃只为口粮奔忙的生活态度

许多人习惯把从事的职业称为"饭碗"，将工作当成"糊口的差事"。抱有这样心态的人，对生活的追求也就只能停留在吃饱穿暖上；对于成功和事业之类的字眼，他们从来不感兴趣，也不敢去想象。如果一个人始终抱着这样的态度去工作和生活，他的人生也就失去了乐趣和意义。即使他们有着聪明的大脑、超人的天赋，但是受到较小人生格局的影响，他们的人生也不可能有什么大作为。

有这样一个故事：

上帝看到一个乞丐非常可怜，就想改变他的命运。于是，他变作一个有钱人来到乞丐的面前。

他对乞丐说："如果我给你1000美元的话，你会怎么使用它呢？"

乞丐回答说："我可以拿着这些钱买一部手机。"

上帝感到很纳闷儿，就问他："你要手机做什么？"

乞丐回答道："我可以用它和这个城市各角落的乞丐联系，哪里人多，我就去哪里要饭！"

上帝叹了口气，又问："如果我给你10万呢？"

乞丐说："那我可以买辆车，这样以后乞讨的时候就可以开着车去了，比走路要快得多！"

上帝感到很悲哀，再问道："假如我给你100万呢？"

乞丐听了眼睛里放出光芒，高兴地回答说："如果你给了我100万，那我就可以把这个城市最豪华的地段买下来了！"

上帝听了感到很欣慰，觉得这个乞丐还是可以挽救的。万万没有想到，乞丐接下来又说出了这样一句话："到那时我把我领地的乞丐全撵走，不让他们抢我的饭碗。"

上帝听完，长叹一声，黯然离去。

一个志在千里的人绝不会仅仅停留在对吃饭穿衣的追求上，而一个只为口粮奔忙的人，因为思想意识中没有成为富翁的信念，他也就永远不可能拥有巨额的财富。

有大志向的人从来不会以解决温饱为人生追求。他们知道，吃饭是为了活着，而活着却不仅仅是为了吃饭，他们要让自己活出精彩，这种精彩不仅仅是对金钱财富的追求，更多的是自我价值的实现，是对人生意义的追寻。

钱辉从小就非常喜欢拉小提琴。到了法国之后，为了解决温饱，他不得不靠在街头拉小提琴赚钱。在这条大街上，有很多和他一样的街头艺人利用自己的一技之长来谋生，吉卜赛琴手也是其中之一。钱辉和吉卜赛琴手两个人同在一家银行门口卖艺。这家银行所处的地段非常繁华，每天都有大量的人流从这里经过。几个月之后，钱辉靠着卖艺攒下了一小笔存款。他选择和吉卜赛琴手道别，前往一家音乐学院进修。

钱辉来到音乐学院之后，努力学习拉琴的专业知识，他的水平获得了很大进步。钱辉还利用学校这一平台，结识了许多琴技高超的同学和一些音乐界的知名人士。在学校的这一段时间中，钱辉因为忙着学习，就没有时间再去街头拉小提琴赚钱了，没有了收入，他的生活过得比以前苦很多。不过钱辉并没有后悔自己的选择。

10年后，钱辉成为了著名的音乐家。有一天，他偶尔路过以前卖艺的那家银行，发现昔日的好朋友吉卜赛琴手仍然在那一个“最赚钱”

的地方拉琴。和10年前相比，那位琴手老了很多，不过精神状态还好。钱辉走过去和他打招呼。

吉卜赛琴手看到当年的好朋友出现在了眼前，非常高兴，就热情地问他："这么多年过去了，你还好吗？现在在哪个地方拉琴呢？"钱辉告诉了他一个非常有名的音乐厅的名字。那个琴手听了之后，又问道："那家音乐厅门口的人也很多吗？你的收入怎么样？能不能解决一日三餐？"钱辉只好笑了笑，含糊其词地说："还凑合吧，生意还行。"钱辉并没有告诉老朋友，自己早已经不再拉琴卖艺了，而是成为了那家音乐厅的座上宾。

10年的时间，两个人的境遇竟然发生了天壤之别。那位吉卜赛琴手和钱辉都在努力地拉琴，只不过拉琴的目的却不一样。吉卜赛琴手只想拼命地保住那块赚钱的地盘，护住自己的饭碗，而钱辉却不愿意一辈子为了吃饭而活着，最终他们的结局也就不一样了。

爱默生曾经说过："哲学家论人之伟大在于寡欲，但是，一间茅舍、一把炒豆，真的能教人对自己满意吗？"在生活中，我们不能有贪婪的思想，但是不贪婪并不是指没有目标和追求。在这个时代，我们要抵制诱惑，但是不能失去正常的人生追求。如果把自己仅仅定位在为口粮而奔波忙碌的位子上，我们的人生将会变得毫无意义可言。

5. 盲从就是对人生的不负责任

从众心理存在于大多数国人的心理和行动中。他们在做事情的时候，不敢带头、不敢冒尖，一切的选择以别人的选择为基准，从来没有想过这种选择究竟适不适合自己，是否有利于自己的发展。他们认为，只有随大流才能够减少风险和失败，才有利于事业的稳定和人生的安定；再者，即使是失败了也没有什么可以指责的地方，毕竟，这是绝大多数人的选择，失败也是绝大多数人的失败，自己不会因为这一失败而脸上无光，更不会受到指责和嘲笑。

我们需要从众心理，比如在道德上，就应该以大多数人的标准为标准。但是，不能在所有事情上都盲目地跟随在别人的后面。在事业的选择上，我们还是要保持一颗清醒的大脑、保持一份特立独行。毕竟，别人选择的未必就适合自己，如果你总是选择别人所选择的，那么，你的发展空间就会变得越来越狭窄，你的人生格局也会越来越小，你的人生随之会变得碌碌无为。

不加选择的从众，就是盲从，是对人生的不负责任。我们要想取得成功，就应该摒除盲从的心理，学会理性独立的分析和思考，敢于与众不同。

中华人民共和国建立初期，为了能够为工业化建设提供急需的石油资源，我国邀请了一大批世界上著名的地质学家来考察地质构造，寻找地下石油资源。那些专家们经过一段时间的考察之后，认为中国的地质构造不可能出现地下石油，并作出了“中国是一个贫油国”的结论。

我国著名地质学家李四光却没有被那些专家的论断吓倒，他坚持认为通过努力，一定能够找到充足的石油资源来。为了证明这一点，他不顾那些专家的嘲笑和阻挠，不顾落后的条件，亲自踏上了对地质结构的深入研究之路。经过一段时间的思考和研究，李四光预言我国石油的远景将十分辉煌。后来，在他的理论指导下，中国的大地上相继出现了大庆、中原、胜利、大港等油田，这些油田的出现，有力地促进了我国各项事业的建设。

李四光曾经说过：“不怀疑不能见真理。”也就是说，对于别人认为不可能的东西，我们不能毫无头脑地人云亦云，盲目地听从他们的定论，更不能偷懒，将那些所谓的权威语言当成不努力的借口。我们应该拒绝盲从，大胆怀疑，只有这样，才是对人生负责，也只有这样，才能够达到渴望的人生高度，取得辉煌的成就。

受传统文化的影响，有许多人习惯了盲从的思维模式，一旦看到别人怎么做，就头脑一热，马上跟在别人的后头，他们从来没有想过别人做的是对还是错，别人的选择是不是适合自己。这样的人，是没有头脑的人，也不具备成大事的素质。

一家著名企业招聘销售经理，该公司开出的丰厚薪水和各项福利待遇吸引了几百名高学历、高素质人才前来应聘。经过初试和复试，最后剩下了8名求职者。主考官对这8名应聘者说："面试时间定在下个星期，你们回去好好准备一下。下次，公司总裁会亲自面试你们。"

一个星期过去了，8名应聘者都按时来到了面试现场。经过一番问答之后，一名各方面都看似平平的应聘者被录用。有很多人对此感到不解，他们认为，自己的能力远远超出了这位被录用的人。总裁看到他们愤愤不平的样子，就对他们说："知道我为什么选择他留下来吗？"那几个人没好气地说："是不是你们公司是武大郎开店——高者莫进啊？"总裁笑了，告诉他们："其实，那个人并不是最优秀的。为了这次面试，你们都做了非常充分的准备，比如得体的服装、娴熟的面试技巧。但是，你们的这些准备只是在盲目地复制别人的经验，只是一些程式化的东西。然而，那个人却和你们不同，尽管他的服装没有你们的考究，谈吐不如你们的流利，但是他在这一个星期的时间内却做了和你们不一样的准备，难能可贵的是，他的准备又是非常务实的。他对本公司产品的市场情况及其他公司同类产品的情况作了非常深入的调查和分析，并且写了一份市场调查报告。这样的人，才是我们公司所需要的。"

如果你只是盲目地跟着别人行事的话，最终一定会栽大跟头。盲从是一种不健康的心理，也是对自己的前途和人生不负责任的表现。只知道复制别人的经验，听从一些所谓"求职技巧书"的安排，最终只能与高薪的职位擦肩而过。

无论是在生活上还是在事业上，我们都不能盲从。盲目地跟风，只会让你丧失独立自主性，更丧失了提升自己、发展自己的机会。因此，我们在选择人生道路的时候，应该牢记“适合自己的才是最好的”这句话，坚持自己的选择，坚持走自己的路。只有这样，才能够实现你的人生梦想，得到你想要得到的东西。

6. 成功是需要双向选择的

在竞争激烈的现代社会，很多人为了能够在社会上立足，往往会把自己放在被选择的位置上，对于他们来说，能够找到一份工作就已经是万幸了，没有工夫去考虑公司如何，领导如何。另外，在很多人的心里总认为，只要自己有足够的能力和本领，有相应的文凭和工作经验，就一定能够在职场中立足，在哪个公司都能够闯出一片天地来。实际上，现实并非他们想象的那样简单。在职场中，实力和努力虽然重要，但是选择更加重要。你只有选择了一个适合自己的公司、选对了一个好的上司，才有可能走向成功，否则，你的能力很难得到正常的发挥，你的人生也会陷入困境。

成功是需要双向选择的，你既需要展现自己的才华和实力来获得领导的欣赏和选择，更需要擦亮眼睛看清楚对方的真实情况是怎样的。如果对方是一个胸无大志、嫉贤妒能的人，你最好不要跟随他；如果你面

对的是一个死气沉沉、缺乏创新、因循守旧的公司，你要认真地思考，这样的公司是否真的适合自己。

想要人生有所成就，就要学会有所选择。

艾柯卡本是福特公司的一名工程师，后来改行做了销售。1953 年，艾柯卡被提升为费城地区的销售副经理，他提出了一个“给 56 年新车付 56 美元”的销售计划。意思就是说，如果客户购买了 1956 年的新车，可以先支付 80％ 的款，然后在接下来的三年时间内每个月付 56 美元就可以了。

艾柯卡的这一策略实施之后，很快就让费城地区的销售业绩成为了各个分公司中的第一名。后来，这一计划被福特公司当成了全国性销售的重要方式。同时，公司决定提升艾柯卡为华盛顿地区的销售总监。

1960 年，艾柯卡成为了福特公司销售部门的总经理。1970 年，他又坐上了公司总裁的宝座。艾柯卡先后为公司创造了 35 亿美元的利润，并被公司的众多员工信任与爱戴。

没有想到的是，福特公司董事长福特二世却对艾柯卡产生了莫名其妙的妒忌心理，认为他的出色表现影响了自己在公司的地位。于是，福特二世在 1978 年解除了艾柯卡的总裁职务。为了避免艾柯卡跳槽到别的公司和自己产生竞争，福特二世答应给他 100 万美元的退休金。艾柯卡被无缘无故地解雇，心里感到十分失落，他对老板的无理要求更是非常气愤。于是，他拒绝了福特二世的要求，转身离开了福特公司。

被解雇后的艾柯卡终于明白了一个道理：如果想创造辉煌、实现人生最大价值，就应该寻找一个英明的领导者。后来，许多公司慕名前来，以重金来聘请他，艾柯卡经过慎重的考虑之后都拒绝了。但是，当已经濒临破产的美国克莱斯勒汽车公司董事长来聘请他时，艾柯卡却毫不犹豫地答应了。因为，他了解这位董事长是一个十分开明的人，也非常支持他对克莱斯勒公司的改革方案。

艾柯卡上任后对公司宣布说：在改革初显成效之前，自己的年薪只要 1 美元。后来，经过艾柯卡大刀阔斧的改革，克莱斯勒公司终于起死回生，呈现出了一派欣欣向荣的景象：1980 年公司改变了一直赔钱的局面；1982 年创造了 11.7 亿美元的利润，同时又还清了 13 亿美元的债务；1983 年，公司在提前 7 年偿还了公司 15 亿美元贷款保险金的前提下，又盈利 9 亿美元，同时，又发行了 26000 股股票，股票上市之后，仅仅几个小时就被抢购一空。

汉高祖刘邦得天下后说道：运筹帷幄，决胜千里，吾不如张良；安邦定国，抚慰百姓，供应物资，不绝粮饷，吾不如萧何；率兵百万，吾不如韩信，但他们能为我所用。这就是我刘邦得天下的原因。这句话体现了刘邦的自知之明。但是，我们可以反过来想一下：为什么张良、萧何、韩信他们选择了刘邦而不选择项羽呢？假如他们选择了项羽，能发挥出自己的才能从而青史留名吗？答案是很明显的。我们应该明白：自己是千里马，但同时要选择赏识自己的伯乐。

假如我们在被别人选择的同时也能主动地去选择他们，那么就能够选择出一个更加适合发挥自己才能的舞台，自己的人生就会实现价值的最大化。因此，我们进行工作选择的时候，一定要慎重，避免因选错而抱憾终生。

第二章 眼界的长度：大格局有大视野

一个人成功与否，要看他的人生方向是否正确，同时也要看他朝着目标前进时的表现。任何一条通往成功的路都不是平坦的大道，都会存在艰难和险阻。如果在困难面前选择了放弃或者改道而行，你就永远都不可能取得成功。对于一个有大格局的人来说，无论遇到多大的困难和压力，他们都不会放弃。困难和压力反而会激发他们更大的斗志，他们会以更加坚定的步伐一步步朝着目标前行。

1. 明确的目标为努力增值

在现实生活中，有很多这样的人，他们生活上非常积极，工作上异常努力，然而，不论多么积极努力，事业总是不见起色，平平淡淡，波澜不惊。长久下来，他们感到无比痛苦和迷茫，为什么自己已经付出了足够多的努力，上天却总是如此无情，不肯给自己一个机会呢？

其实，出现这种痛苦和迷茫的原因，很大程度上不在于努力与否，而在于是否拥有了正确的目标。如果目标正确清晰，就能够知道自己应该往哪个方向努力，就有了应对的方法，未来的蓝图也会愈加明朗；相反，如果连目标都没有确定，东一斧子，西一榔头，自己肯定就会如坠十里云雾，四下辨不清方向，空有一身力气，却都像打在了棉花上，丝毫起不到作用。更有甚者，努力的方向与目标背道而驰，结果越是努力，离自己的目标越远。所以，在前进的道路上，确定好目标和方向，你的努力和付出才会有价值。

师范专业的翟林大学毕业之后进了一所学校做了教师。在刚刚参加工作的一段时间，他和大多数年轻人一样，干劲十足，常常是早早地来到办公室开始备课，深夜还在宿舍为第二天的课程作准备。但是，由于他平时沉默寡言、不善言辞，本来已经想好的教学内容，却不能正常地表达出来，在课堂上总是表现得不尽如人意。学生们因此对他的课失去兴趣，大部分时间都没精打采、精神不振，课堂上的气氛沉闷且尴尬。一个学期过去了，翟林所带的班级考试成绩成了全校最差的一个。校领导找他谈心，和他一起分析原因，翟林最后表示一定要改进自己的教学方法，争取在下个学期让学生的学习成绩提上去。第二个学期，翟林对自己的教学方法进行了大幅度的改革，但是却没有任何明显的效果。尽管他已经做到了尽心尽力，可是因为方法和性格的原因，反而让学生的反感情绪进一步加深。这个学期，他的班级仍然是全校倒数第一名。翟林感到十分不解和烦恼，他对工作失去了激情，开始采取应付的态度。后来，校领导实在是看不下去，就把他给辞退了。

翟林后来又换了几家工作单位，却没有一个能够让他感到满意的。这并不是因为他不努力，而是因为那些工作根本就不适合他。几年之后，他的大学同学都在各自的工作岗位上有了一定的成就，而他还像一个无头苍蝇一样到处乱撞，频繁地转换工作，始终拿着低微的薪水。

翟林的经历可以说是一场悲剧，而这场悲剧的导演却是他自己。或许有人认为他的能力有限，做不成任何事情，而实际上却并非如此。作为一个大学毕业生，他不可能一无是处，更不可能不如别人；只是，他不清楚自己能干什么，想干什么，没有一个清晰的方向和明确的目标，最终才陷入了失败的泥潭，不可自拔。我们应该从他的身上吸取教训，在工作和生活中，要根据自己的实际情况制定目标，选准方向，沿着这个既定的方向踏踏实实地走下去。只有这样，我们才有可能在事业上有所建树。

比尔毕业于西班牙一所著名的建筑工程学院。毕业之后，他十分顺利地找到了一份专业对口的工作。但是，工作几年后，他越来越感觉自己力不从心，并开始对工作感到恐惧和厌倦，每日毫无激情可言。后来他回忆说，做工程师需要一种严谨自律的精神，但是他却缺乏这种精神。与此相反的是，他的性格外向，富有亲和力，又非常喜欢四处走动，和陌生人打交道，极有规律的工程师工作让他感到十分乏味，既无法满足心灵上的要求，工作的积极性又提不起来。因此，他感到十分苦闷。

后来，因为经济大萧条，比尔被公司解雇，成了一名失业人员。这一次，他准备不再涉足工程师领域，而要找一个与自己性格和长处相匹配的工作。于是，他向一家销售公司递交了简历，后来被正式录取，负责技术产品的销售工作。由于销售工作比较利于他特长的发挥，在不到一年的时间里，比尔就成为了该地区的销售经理。

生活中，很多人想要获得成功，但同时，他们对成功的认识又十分模糊，不知道该怎样选择和追求，在行动上也显得十分轻率和盲目，最终不仅自己没有做成大事，还感到非常疲惫和痛苦。只有那些了解自己、有明确奋斗方向的人才能笑傲人生，取得非凡的成就。

某位成功人士这样说道："我认为，世界上最大的悲剧就是有那么多人不知道自己需要什么。他们并不缺少艰苦奋斗的精神和坚持不懈的韧性，但是却因为方向不清而造成了人生路上的痛苦和迷茫。"每一个有志于成功的人，在奋斗之前一定要先静下心来，给自己选择一个清晰的方向，制定一个正确的目标，然后再去努力和奋斗，只有做到了这一点，才能到达胜利的彼岸，实现人生的最大价值。

2. 挫折是人生必经的过程

人生的道路是崎岖不平的，在追求的过程中难免会遇到这样或者那样的问题，困难出现的时候，也正是考验一个人是否具备成功者必备素质的时候。有的人面对困难内心软弱，心灰意冷，选择逃避，最终难免失败；有的人却能保持雄心，用积极的心态来克服挫折，最终也必然会走出困境，走向成功。

我们应该知道，追求目标的过程不可能一帆风顺，往往要经过成百上千次的失败之后才能够获得成功。失败是很正常的现象，挫折也是人生必经的过程。面对失败，我们应该从跌倒处爬起来，重新开始，从头再来，继续努力，追求胜利。

杰克出生于爱尔兰岛，7 岁的时候他就去一家裁缝店做学徒。学徒的身份类似于奴隶，是没有薪水的，而报酬就是：学会了裁缝店里该做的事情。到了 18 岁的时候，杰克开了一家自己的裁缝店，做了两年之后，转手卖了出去。

一个人的力量往往是有限的，一个年轻人只靠自己的力量很难在一个城市里立足。店卖出去以后，他又在别的裁缝店里工作，积攒了一定的经验之后，再度萌发了开店的念头。于是，他和弟弟及其他几个合伙人共同买下了一间礼服店，他投资了8万美元进货。

但接下来发生了许多不幸的事：即将开业的前一天晚上，一群小偷击穿了礼服店的墙壁，价值8万美元的货就这样不翼而飞；他再进货，却在大火中付之一炬，而一个狡诈的保险经纪人未将杰克支付的第一笔保险费的支票交给保险公司，这等于没有买保险的记录；可以证明公司存货内容和价值的重要证人也去世了。一系列的打击让这个充满信心的年轻人也有点不知所措了。

血本无存的杰克只好再度到别的裁缝店工作，但没有多久，他那渴望拥有自己事业的欲望又出现了。第三次，他开了一家裁缝兼礼服出租店，这次是和他的表弟一起开的。为了能够真正拥有一家店，不久他就买下了他表弟的股份，这次他决定多听别人的意见，但在一些大方针上，还是依靠他自己做决定。他明白一个道理，跌到了，就要自己站起来，而不是让别人扶起来。他联想到一首歌的歌词："拾起你的信心，把身上的灰尘掸掉，一切从头开始。"他说："那首歌简直就是在说我。挫折是生活中的常见现象，我应该做的不是放弃，而是正确面对。"如今，杰克在他的专业领域里已经成为了权威人物。

世上的道路充满了荆棘坎坷，或处于路途的中间，或隐藏于道路的两旁，它们会在我们毫无思想准备的时候突然来临。这些东西看似意外，却是生活中无法逃避的现象，我们应该用正常的心态来看待它，如果茫然失措、不知所以、轻易放弃，就永远不可能取得成功，心理也永远不可能变得成熟。

挫折为一个人心智的成熟提供了必备的条件。面对挫折，我们应该学会坚强，学会从挫折当中吸取教训，最终让自己变得更加强大。

1832年，林肯失业了。后来，他去参加州议员的竞选，又以失败告终。在短短一年的时间里，他接连遭受了两次沉重的打击，但是他没有就此悲观沮丧，而是迅速调整自己，以更加积极的状态投入到生活当中。1835年，他和一个姑娘订婚了。但是，在临近结婚的几个月前，他的未婚妻不幸去世。这次沉重的打击让他在精神上受到了非常大的伤害，卧病在床几个月。1838年，林肯努力争取成为州议员的发言人，又以失败告终。1843年，他参加美国国会大选，竞选国会议员连任，但是这一次，他仍然没有获得成功。

情人去世、竞选失败，接踵而至的打击对于任何一个人来说都是无法承受的，但是林肯并没有被这些困难吓倒，他没有选择放弃，每一次失败之后，他都迅速地站了起来，以更加坚定的心态面对生活。1848年，他又一次竞选国会议员，没想到，这次他又落选了。在这次竞选当中，林肯欠下了一屁股债，为了能够还清欠款，他准备申请去做本州的土地官员。但是，当他把申请递交上去之后，却被州政府拒绝了。州政府指出："要成为本州的土地官员要求有卓越的才能和超常的智力，你缺乏这些条件，无法满足这一要求。"1854年，他再次竞选参议员，失败了；1856年他竞选美国副总统提名，结果被对手击败；1858年，他再一次竞选参议员，还是失败了。1860年，他参与总统竞选，最终战胜了对手道格拉斯，入主白宫。

有人做过统计，林肯一生的大部分时间都是在失败中度过的。但是，他却没有在这些挫折面前倒下，而是选择了接受现实、战胜困难，最终迎来了人生的辉煌时刻。

荀子说："锲而舍之，朽木不折；锲而不舍，金石可镂。"面对挫折，我们不能呼天抢地、抱头痛哭，而应该学会减轻压力，跌倒之后再爬起来。挫折是人生不得不面对的课题，只有看淡挫折，以健康的心态来对待挫折，才能够取得成功。

3. 别把自己定位成失败者

每个人都不愿意面对失败的局面，但是失败却又是无处不在的。有很多人在遇到了一些失败之后，就变得意志消沉、自暴自弃，从而过分贬低自己的能力，认为自己做什么事情都不可能取得成功。在这种心态的支配下，他们将所有的自信和勇气都埋藏起来，让消极的意念在内心世界中无限延伸。

失败可能会给我们的心理带来失落感和烦恼的情绪，但是这并没有什么可怕的。相反，失败本身还存在着很多有利因素，只不过很多人未曾发现。失败就像是一块磨刀石，能够磨砺我们的意志，鼓舞我们的斗志，锻炼我们的坚毅品格，最终让我们成为一个坦荡面对厄运，并最终获得成功的人。因此，我们不能一味地害怕失败，更不能因为一时的失败就给自己贴上“失败者”的标签，就此心灰意冷，丧失斗志，而要用自信的心态面对它，用实际的行动克服它，排除一切障碍，让自己走向成功。

1869 年，美国著名工程师约翰・罗布林准备建造一座连接曼哈顿和布鲁克林区的大桥。这一决定遭到了不少桥梁专家的反对。专家们认为，历史上还没有出现过这样的桥梁，约翰・罗布林的计划纯粹是天方夜谭，如果实施的话，只会是失败的结局。但是罗布林的儿子华盛顿・罗布林却认为这座大桥可以建成，因此大力支持父亲的工作。最后，父子两个人克服了重重困难，制订了比较完善的建桥方案，同时也说服了一些商人来投资这一项目。

在大桥开工几个月后，施工现场突然发生了重大事故。在这次事故中，父亲约翰・罗布林不幸身亡，在之后的施工中，华盛顿・罗布林的大脑也受到了严重的伤害。许多人听说这一消息后，都认为这项工程没戏了。但是，受伤后的华盛顿・罗布林却并不这样认为。尽管他已经丧失了活动和说话的能力，但是他认为自己的脑子还能够思考，华盛顿・罗布林就用那唯一能动的手指来和别人交流信息——他用那根手指敲击他妻子的手臂，然后再由妻子将他的设计意图转达给工地上的建筑工程师们。整整三年的时间，罗布林就这样用一根手指指挥工程，终于在 1883 年建成了雄伟壮观的布鲁克林大桥。

一个有着坚韧毅力和坚强信念的人，是绝对不会给自己贴上失败者的标签的。他们不会轻易服输，更不会因为挫折和失败而放弃希望和行动。失败对于他们来说，绝对不是最终命运，而是一次让自己变得更加强大的机会。因此，在失败来临的时候，他们都会毫不犹豫地站起来，挺直胸膛，迈开脚步，以更大的勇气和热情扫除前进路上的障碍，最终完成使命。

比尔·休利特和戴维·帕卡德大学毕业之后，四处投简历、找工作，却一直没有人愿意雇用他们。碰壁之后的两个年轻人感到非常绝望，但是，年轻人的血性又让他们觉得如果碌碌无为地度过一生，就会愧对自己的生命和所受到的教育。于是，两个人重新树立了信心，再次奔跑在纽约的大街小巷上，寻找能够接纳自己、帮助自己发展的公司。然而，这一次他们又失败了。当时的美国正处于经济大萧条时期，许多公司都在忙着裁员，根本就不需要他们。

既然择业不行，那么就创业吧！两个年轻人在加州租了房子，开始搞一些小电器的发明，希望能够通过销售专利产品开创自己的事业。但是，整整一年，他们的产品都无人问津。两个人没有收入来源，过着饥寒交迫的日子。不过，他们并没有认为自己失败了，而是选择了坚持。

第二年，他们经过不断努力研制出的新产品被一家公司看中，买走了专利权。两个人终于迈出了走向成功的第一步。后来，两个人的事业越做越大，成为了有关电子元件和电子检测仪器的供应商，这就是今天著名的惠普公司。

美国西点军校有句著名的格言:“永远没有失败，只有暂时的成功。”尽管没有人能确保一件事最终能成功，但是在遇到失败之后如果能够鼓足勇气再试一下的话，即使不能立刻取得成功，也离成功更近了一步。

成功者虽然有很多失败的经历，但是他们的字典里永远没有失败者的烙印。一个成功的人，他的奋斗过程是由很多失败组成的，但是他们却永不言败，总能及时地对失败作出总结和调整，最终让自己走向成功。因此，心怀理想的人，在遇到失败之后，一定不能轻易把自己定在失败者的位置上，而是要向成功者们学习，坚持自己的方向，以坚忍不拔的毅力来面对失败，战胜失败，最终取得非凡成就。

4. 不追求违背客观规律的速成

每一个胸有大志的人都渴望成功。为了早日实现心中的目标，大多数人选择不懈的努力和奋斗，他们披星戴月、栉风沐雨、夙兴夜寐。然而，很多情况下，这些人的加班加点并没有加速成功的到来，这究竟是为什么呢？其实原因很简单，那就是他们在追求目标的过程中没有耐性，急于求成。

世界上的万事万物都有其发生发展的客观规律，如果违背了事物发展的客观规律，那么，所有的努力都是徒劳的，所起到的效果也将是南

辕北辙、事倍功半。要想早日取得成功，除了具备必要的艰苦奋斗的优秀品质，还要注意按照客观规律来办事。如果不能做到这一点，那么，等待我们的必将是痛苦和失败。

有一个人口才非常好，在演讲圈子中小有名气。后来，他自己投资创办了一家图书公司，公司在刚起步阶段，每个月都能创造一定的效益，呈现出良好的发展势头。不过，这个人并没有满足，他认为这样的赚钱方式过于缓慢，和他把事业做大做强的理想还有很大一段差距，并想到了利用自己的演讲才能增加公司的利润的办法。他决定办一个企业员工培训班，他认为这样既能提高公司的知名度，又能增加收入来源。当他把这个打算告诉助手的时候，那位头脑冷静的助手对他说："做事业要根据它的客观规律来行事，我们现在正处在原始积累的阶段，只有将基础打好了才能够让公司有更大的发展。您现在就急于求成，很可能会造成公司的倒闭。"

但是，那个人却不以为然，他反驳说："我做演讲也能赚到钱。很多公司不是也开展多种业务吗？"

"那是因为那些公司已经有了良好的基础，在社会上取得了一定的影响力。再者，那些公司都是人才济济的大公司，所以才做得这么好。你看看我们现在的情况，全公司就十几个人，实力根本算不上强，再分出人员和精力做其他事，完全是不现实的。"

他听不进去助手的劝说，最终还是把演讲培训班办了起来。办演讲培训班耗费了他大量的精力，使他减少了对图书市场的关注，导致图书公司出现决策失误。图书公司决策的失误分散了他做演讲培训的精力，最终，正如助手预言的那样，他输得很惨。

孔子说“欲速则不达”，一个人的梦想无论有多么高远，都不要急于求成，急躁冒进。如果在行动的过程中过于莽撞，采用揠苗助长的方式求得早日成功，最终将会给自己带来无尽的灾难。其实，凡是取得巨大成就的人，都了解在违背客观规律之下追求速成是十分不明智的选择，任何人的成功都是循序渐进、遵循规律的过程。

温州人被称为中国的犹太人。他们在经济领域取得了很多非凡的成就，缔造了一个又一个商业神话。很多人认为，温州人有着聪明的大脑，天生就是干大事的人。然而，实际上，温州人并不是生下来就是做生意的天才，也不是从一开始的时候就是金融业的大亨、房地产业的总裁。他们能够取得巨大财富的原因不是别的，就是能够遵循事物的客观规律。

在事业刚刚起步的阶段，温州人从来不想一夜暴富。他们默默地干活，从外表上看去，他们和那些引车卖浆的贩夫走卒没有任何区别。但是，一段时间之后，温州发廊、温州服装店、温州电子城就像雨后春笋一样遍布全国各地，各种温州产品包装、标牌、证书、徽章也越来越多。一时间，各大商场的货架上摆满了温州的产品。

很多人觉得温州人是上帝的宠儿，是了不起的一群人。只有温州人自己明白，他们的成就源于他们的努力和坚持。他们做生意，注重从小处着手，从不好高骛远，也不好大喜功。他们不满足现状，但又能立足现实。有些看起来没有多大利润的生意，他们从来不会因为其小而视而不见，而是抓住机会，注重点滴的积累。

温州人敢闯，但从不乱闯。在积累财富的过程中，他们一步一个脚印，踏踏实实地做好眼前的工作，从来不想一夜暴富、一夜成名。正是因为他们懂得按照客观规律办事，才最终赢得了巨额的财富。

人生的成功之路就像一场马拉松赛跑，最先着急奔跑的人却不一定能如愿到达终点，只有那些不急躁不冒进的人才会赢得最终的胜利。只想着一蹴而就、一劳永逸的人，难免要遭到失败的打击。过于急功近利，我们和成功的距离只会越来越遥远。

5. 输得起才能赢得起

每个人都希望生活一帆风顺，事业越做越强，谁也不愿意受到打击，更不愿意陷入失败的泥潭。但是，现实往往会和我们的理想背道而驰，失败犹如幽灵一样经常隐藏在我们身边，只要一有机会，它就会出现在我们眼前。挫折困境、天灾人祸等常常会折磨得我们筋疲力尽，痛苦不堪。面对这些挫折和磨难，我们应该学会心平气和地看待，尽最大的努力去克服，懂得赢得起也输得起的道理。

既要赢得起也要输得起，这是一种成熟又理性的宽广胸怀。生活中难免会有输赢，既然输了，就面对现实，理性对待。只有输得起，才能放得下，看得开，同时也能为下一步的重新站起打下良好的基础。

泰国有一名企业家，将所有的资金都投到了曼谷郊区15栋别墅的建设中。没想到，别墅群刚刚竣工，席卷亚洲的金融风暴就出现了，别墅一套也没有售出。这位企业家破产了，他只好眼睁睁地看着别墅被银行拍卖。为了还债，他不得不将自己的住所也抵押给了别人。

企业家的心情从山峰跌到谷底。很长一段时间，他都情绪低落，甚至有好几次起了自杀的念头。后来，他觉得老这样堕落下去也不是办法，就准备从头开始做起。

在一天吃早饭的时候，他发现妻子做的三明治味道非常好，就起了卖三明治的念头。他的这个想法得到了妻子的支持。自此之后，他的妻子就在家里做三明治，而他则推着自行车在街上叫卖。

一个记者看到了企业家的现状，就在报纸上写下了一篇《昔日的亿万富翁，今日沿街叫卖三明治》的文章。第二天，整个曼谷都知道了他的消息。很多人怀着好奇或者同情的态度来一睹这位昔日亿万富翁的今日境况。当然，他们也没有忘记买下这位企业家的三明治。很多人吃到他的三明治之后，感觉味道很好，就成了他的长期客户。

就这样，三明治的生意越做越大，最后他依靠卖三明治挣的钱走出了人生的困境，积累了重新崛起的资金，又成为了泰国著名的亿万富翁。

这个企业家就是评为“泰国十大杰出企业家”之首的施利华。

对于有些人来讲，一个曾经的亿万富翁沦落到街头叫卖三明治是一件十分可耻的事，然而，施利华却懂得什么叫作赢得起也输得起，在这种良好心态的支配下，他的事业又有了起色，迎来了人生的第二春。

古人说“胜败乃兵家常事”，谁都不可能一直是胜利者。只有承受住失败的摔打，经受住挫折的磨砺，才会成为生活的强者，只有输得起的人才有可能再次成功。

古往今来，许多成大事者都是因为输得起才最终获得成功的，而那些怕输的人最终却输得很惨。布衣天子刘邦，多次被对手打得大败而逃，惶惶如丧家之犬，但是他看得开，放得下，能够乐观面对，因此成为了笑到最后的人；他的对手项羽，尽管力大无穷，英勇善战，却因为输不起，觉得失败之后“无颜去见江东父老”，最终落得乌江自刎，身首异处的结局。

对“英皇集团”总裁杨受成来说，每年的 8 月 30 日都是非常重大的纪念日。数年前的这天，他一无所有，全身最有价值的就是一块手表。

事隔多年，已经拥有了 10 亿港元身价的杨受成在讲起这段经历时，心情很平静：“那天，汇丰（银行）打电话给我，叫我立即去当时的汇丰总行。我到了那里之后，他们递给我了一封信，然后又告诉我要接管我所有的财产。除了公司、房子、汽车之外，我身上的信用卡都要拿来抵债。当时我身上只剩下了一只手表。”

在这之前，年仅 40 岁的杨受成已经拥有了一家属于自己的上市公司。杨受成春风得意，活跃在香港的钟表界、珠宝界、地产界以及股票市场。

然而，天有不测风云。1982年年初，香港地产业出现危机。杨受成的公司因为把所有资金都押在了房地产事业上，而陷入财务危机，后来公司破产，汇丰银行接管了他的公司和他所有的私人财产。

杨受成后来回忆说："破产之后的巨大反差的确使人痛苦失落，倘若我的性格不够坚强，我早已看不开了，即使是这样，我仍然没有放弃的念头，我相信我会有翻身的一天。我想如果有重新出头的机会，我就一定要做好。起码要做些事给人看，我不是一跌倒就爬不起来的人，我是一个打不死的老兵。我要努力，比以前更勤奋，要夺回失去的一切东西。"

凭着这种不服输的信念，以抵押和借贷开始，杨受成的"宝石城珠宝有限公司"开业了。数年之后，东山再起的杨受成，事业比跌倒之前更加辉煌。

许多人在遇到失败的打击之后会变得一蹶不振，但是杨受成却有着常人所没有的胸怀和勇气，正是因为他输得起，所以他就永远会有赢的机会。

失败来临时，选择哭泣只能使我们陷入更加悲惨的境地。只有看开、看淡、不把失败当宿命，才有可能改变眼下的处境，早日走出失败的阴影。我们每一个人都要记住：只有输得起，才能赢得起。

6. 对可能出现的问题做好准备

想要在这个竞争日益激烈的社会中占有一席之地，就应该对未来可能出现的问题做好准备。换句话说，要懂得居安思危、未雨绸缪。毕竟，未来不可能像我们想象的那样乐观，很可能会出现这样那样的问题，如果我们对危机毫无准备，那么问题出现必然会给自己带来许多麻烦和损失。

一户人家建了一座新房子，但是厨房里的烟囱却砌得很直，并且土灶旁边还堆了一大堆柴火。一位朋友看到之后，就对房子的主人说："你应该把你们家的厨房重新修一下。"

主人不解："刚建好的房子怎么还用修？"

朋友说："你们家的烟囱太直了，柴火放得也不是地方。你应该把烟囱弄弯一些，柴火也要远离火源，不然的话，很可能会发生火灾。"

主人认为朋友是杞人忧天，根本没有把他的话放在心上。

没多久，这户人家突然失火了。邻居们看到之后，纷纷赶来帮助灭火。经过半天的忙碌，大火终于被扑灭。主人检查了一下，发现除了烧掉了厨房里的一些东西之外，没有什么大的损失。他非常感谢热心的邻居，就杀牛宰羊，置办酒席，酬谢他们。席间，主人向邻居说了一些感谢的话，又热情地请那些救火时献力多的人坐在上席，向他们劝酒。

就在大家高高兴兴喝酒划拳的时候，有一个人站出来对主人说：“这次请客你却忘了最重要的人。”主人不解地问：“救火的邻居不都在这儿了吗？”那个人说：“救火的人并不是最重要的，那个当初给你提意见的人才是。如果你当时听从了他的劝告，改建烟囱，挪走柴火的话，就不会有今天的损失了，你也就用不着破费来酬谢大家了。你现在请客，不应该忘了那位事先提醒、劝告您的朋友。参加救火的人有功，但是提出防火的人功劳更大，您应该让他坐在上席才对呀。”主人听了，面红耳赤，感到非常羞愧。于是，他赶忙去了那位朋友家里，把他请来坐在上席，并向他承认自己的错误，提出感谢。

后来，主人听从了客人的建议，把烟囱改弯，将柴火放到了安全的地方。自此之后，厨房里再也没有失过火。

孟子说“生于忧患、死于安乐”，如果一个人缺乏居安思危的意识，对可能出现的危机不做充分准备的话，就会导致一些让人不愉快的事情发生。因此，无论做什么事都应该有预见性，如果自己没有意识到的话，就应该虚心听从别人的建议。不听从别人的劝说，甚至还把别人的好心当成诅咒的扫兴话，将来你可能会吃更大的亏。对可能出现的问题做好准备，能够让自己走上一条健康的、可持续发展的道路，也能够给自己提供快速发展的动力和决心。

赵康和郑思远是大学同学，两个人在临近毕业的时候，都面临着找工作的问题。

赵康在各方面都有着很大的优势。他不仅成绩好，而且还相貌堂堂，人也比较聪明。郑思远和他一比，就逊色很多，他学习成绩一般，才智也平平。

后来，两个人同时去一家公司应聘。他们的同学一致认为：郑思远只能是一个陪衬罢了，最后的胜出者必将是赵康。

赵康也是这样认为的。因此，他在应聘之前的那一段时间，没有做任何的准备，而是躲在家里玩网络游戏。

郑思远知道自己的实力无法和赵康相比，但是他又不想放弃这次机会，于是，他就花费了大量的时间去整理收集资料，精心准备着面试所需的东西。同学们看到他忙忙碌碌的样子，纷纷嘲笑他在做无用功。

面试的时间到了，两个人同时进入了那家公司。一表人才的赵康一进门就引起了别人的注意，而郑思远在人群中却毫不起眼儿。经过严格的笔试和面试，结果出来之后，很多人都惊呼“不可能”——赵康没有顺理成章地成为这名公司的员工，郑思远却被选上了！

原来，郑思远在面试之前的几天里，就开始收集这家公司的各种资料和数据，并且认真地钻研和分析，做了很多准备工作。他知道，自己的对手非常优秀，如果自己不好好准备的话，就会被刷下来。正是因为他作了大量的准备，所以在考官提问的时候，他就对公司的发展提出了许多建设性的意见。主考官对他的表现非常满意，并决定录用。

工欲善其事，必先利其器。要想干好手中的活，就应该将工具准备好。也就是说，只有对可能出现的问题做好准备，才能防止事情向坏的一面发展，做到转危为安。

对可能出现的事情做好准备，是一种危机意识、一种做事的态度、一种成功的智慧，更是一种人生大格局。懂得未雨绸缪的人拥有远见卓识，能高瞻远瞩、审时度势。只有敢于把事情往坏里想，才有可能做好准备，预防坏事的发生并赢得机会。因此，我们无论做什么事，都应该懂得防患于未然，以免将来发生不测的时候束手无策。

第三章 胸怀的广度：大格局有大度量

法国作家雨果曾经说过："世界上最宽阔的是海洋，比海洋更宽阔的是天空，比天空更宽阔的是人的心灵。"一个有着大格局的人，也必定是一个心胸宽广的人。他们不会因为一些小事而斤斤计较，不会猜忌和妒忌别人，更不会过分地追名逐利。他们既有雄心壮志，也能保持一颗平常心。正是因为他们在一些事情上的不在乎，才最终成就了辉煌的一生。

1. 器量大小决定事业的大小

自古以来，凡是能够成就大事的人，都有着一份常人不能有的器量，这种器量，用古人的话说，叫作王者之风。齐桓公不计"一箭之仇"，委任曾经的敌人管仲为相国，最终成为了春秋首霸；唐太宗重用诤臣魏征，虚心纳谏，从而开创了彪炳千秋的贞观之治。

一个心胸宽广的人，拥有从容自信、宽容大度、坚韧刚毅的性格，他们不会被琐屑的小事所羁绊，能够忍常人之不能忍，做事从大处入手，不斤斤计较，从而赢得别人的尊重，取得了事业上的成功。一个心胸狭隘的人，缺少成大事的心胸，容易将精力用于一些鸡毛蒜皮的小事上，也会为了一些无关紧要的琐碎小节而费心伤神，最终导致前进受阻，成功的障碍越来越多，失败的可能性越来越大。

200年，曹操和袁绍在官渡展开了一场旷日持久的战争，曹操用7万人的力量打败了实力十倍于己的袁绍。战争结束之后，曹操命人把所获得的金银珠宝、绫罗绸缎，全都奖给将士。袁绍留下的文书档案、地图书籍命人整理分类，以便于了解和分析敌情，作为日后行军作战参考之用。

在清理过程中，有人在收缴袁绍的文件中发现了大量的书信，这些书信都是曹操的手下写给袁绍的，他们背着曹操向袁绍表明忠心，为的是万一曹操失败好给自己留一条后路。搜到这些书信的人如获珍宝，赶紧上报给曹操。

大家对他们卖主求荣的行径感到非常气愤，而那些写书信的人一个个心中都忐忑不安，唯恐招来杀身之祸。一时间，军营中气氛紧张。亲信大臣们都劝说曹操把这些写信的人抓起来，军法处置，以儆效尤。

曹操却没有这么做，他对众人说："当初和袁绍对垒时，我也挺害怕，也在暗自准备退路，既然主帅都不敢自保，那么手下人和袁绍有些书信来往也是很正常的。如今，战争取得了胜利，再起杀心的话很不吉利。再者，那些向袁绍表忠心的人已经知道错了，应该给他们一个改过自新的机会，又何必对他们斩尽杀绝呢？"

对于收缴来的书信，曹操一眼也没看，就下令在三军面前把这些信全部烧掉，表示既往不咎。顷刻间，军中紧张的气氛消失得无影无踪，那些暗地私通袁绍的人在庆幸脑袋保住之余，又对曹操充满了感激。他们暗下决心，日后一定要忠心耿耿地跟随这位心胸宽广的主帅。

一个人如果没有“海纳百川”的宽宏器量，事业做大做强只能是一句空话。大器量即大气度，它不是璀璨的宝石，却能够给人带来浩瀚的人生空间。只有大器量的人才能容纳异己、消除成见。不嫉贤妒能，不睚眦必报，才能够获得别人的好感和拥护。反之，一个器量狭小的人，往往会陷入嫉妒和仇恨，心胸狭隘、小肚鸡肠、凡事钻牛角尖儿，最终往往是作茧自缚，不仅没能让自己取得成功，甚至还赔上了身家性命。

对于一个有志于事业成功的人来说，豁达的器量是人生的一门必修课。你可以没有超人的才华，可以没有良好的出身，但是却不能没有一份宽广的胸怀。如果把才能比作左翅，那么胸怀恰是右翼，它们将助你乘风而上，轻松飞翔。宽广的胸怀有助于你以充沛的精力投入工作之中，为事业成功增添助力。

2. 用人之可用之处，不求全责备

在交友和用人的时候，我们习惯性地希望对方是十全十美、德才兼备的人。但是在现实生活中，这种愿望是很难实现的。毕竟，每个人都有自己的优点和缺点，有特长也会有一些能力达不到的地方。哲学家告诉我们“做事要从大处入手”，其实，用人也是如此。我们不能盯住别人的缺点不放，更不能求全责备，而是要站在全局的高度来分析问题和解决问题。假如对待别人十分刻薄，因为对方能力或者性格上的一点瑕疵而将他人拒之千里的话，那么，等待你的必将是事业上的危机和人生的失败。

“用人之长”是每一个事业成功的人必备的素质。清朝著名的红顶子商人胡雪岩就是其中典范，他非常注重对手下人进行全方位的考察和衡量，发现别人的长处，并且给予重用。

湖州街头上有个人外号叫“小和尚”。此人名叫陈世龙，吃喝嫖赌样样精通，是个无所事事流浪街头的小混混，很多人见到他都会绕道走。但是，胡雪岩却把他留在了身边，帮忙打点钱庄的生意。许多人对此不解，但是胡雪岩却认为，只要运用得当，这个小伙子也是可塑之材。这是因为，他看到了陈世龙的长处：

第一，这小伙子很机灵。胡雪岩是在一次偶然的机会中认识他的。那一天，胡雪岩托陈世龙带路去找一个朋友。在和陈世龙的谈话过程中，胡雪岩发现他回答问题能够做到对答如流，又合适得体。难能可贵的是，在他这个赫赫有名的大商人面前，陈世龙没有流露出丝毫的畏惧与胆怯，更没有低三下四的表情。

第二，这小伙子不会吃里爬外。胡雪岩从别人那里了解到，陈世龙虽然“五毒俱全”，但是从来不做卖主求荣、吃里爬外的事，这让胡雪岩意识到陈世龙定是个忠心耿耿之人。

第三，有血性，并且重信义。胡雪岩决定将陈世龙留在身边之前，和他谈了一次话，临分开前，他给了陈世龙一张一百两的银票，要他拿去随便用。在此之前，陈世龙曾经答应过胡雪岩要戒赌。胡雪岩此举就是想看看他能不能做到心口如一。后来，陈世龙带着银票来到赌场，但最终还是咬了咬牙退了出去。胡雪岩知道后，对他赞赏有加。

胡雪岩认为，一个年轻人虽然劣迹斑斑，但只要有志气，有能力，即使有再多的缺点也能改掉。只要忠心事主，为人处世有原则底线，其他的缺点就可以慢慢修正。因此，他决定让陈世龙做自己的帮手，而陈世龙也没有让他失望，很快就成了钱庄里最得力的伙计。

一位管理学家曾经说过：“如果一个公司所用的人没有短处，其结果至多只是一个平平凡凡的组织。”在职场中，样样精通的人是不会存在的，没有一个人能够做到十全十美。假如管理者抱着寻找无缺点人才的态度用人的话，那么，你所找到人恐怕也不具备长他人之所长。管理者识人、用人，做到人尽其能，比寻找十全十美之人，更为现实和稳妥。

战国末年，秦昭王邀请“四公子”中最出名的孟尝君来做相国。秦国一些大臣害怕孟尝君的到来会动摇自己的地位，就在秦昭王面前说他的坏话。最后，秦昭王听信了他们的谗言，将孟尝君软禁了起来。

为了早日脱离虎口，孟尝君向秦王的弟弟径阳君求助。径阳君便找到秦王的宠妃燕姬，燕姬提出以白狐裘为条件。然而，白狐裘只有一件，孟尝君来秦时已经把它献给了秦王。孟尝君感到非常为难。他的一个门客自告奋勇，学狗叫瞒过看库人，从狗洞进入王宫库房，偷来白狐裘，送给了燕姬。燕姬得到白狐裘之后，就在宴会上劝说秦昭王释放孟尝君，禁不住枕边风的秦王就同意了她的请求。

孟尝君害怕秦王反悔，率人连夜出城。但是，当时秦国的法律是鸡鸣开关，日落闭关，他们根本无法顺利出城，孟尝君急得犹如热锅上的蚂蚁。这时候，他的另一名门客就爬上高处学鸡叫。睡梦中的守城官吏听到之后，迷迷糊糊地打开城门，让他们走了。后来，秦王果然反悔，派人来追，但为时已晚。追兵赶来的时候，孟尝君早已离开了秦国的疆土。

孟尝君门下的三千门客，三教九流的人很多，每个人都有着自己的缺点，但是孟尝君却看重了他们的一技之长，把他们留在了身边。在这次危机事件中，他正是靠着这些难登大雅之堂的鸡鸣狗盗之徒才逃离了秦国。

虽然每一个人不都是十全十美的，但是每一个人都是与众不同的，我们应该全面地分析，客观地评价，应该用放大镜来看待他的优点，而不能用显微镜来看待他的缺点。只有这样，我们在前进的道路上才能够获得更多人的帮助，更快更好地做大人生格局。

3. 别让猜疑心毁了你的生活

每个人都不可能脱离社会而独自存在，在工作和生活中，每个人都需要和别人进行一定的社会交往。然而，在交往的过程中，许多人不能做到和别人坦诚相处，他们时常对别人不经意的语言或者动作苦苦思索其中的“含义”所在；假如遇到一些意外情况，他们首先想到的不是该怎样解决问题，而是谁引起了这一问题。这样的人经常把“人心隔肚皮”“防人之心不可无”的话放在嘴边，他们总认为，小心一些才是行走于世的良方。正是在这种心态的支配之下，他们在人际交往当中往往心神不宁、疑神疑鬼、心事重重。

这种人就是典型的猜疑心太重。猜疑是一种自卑的表现，是因为内心缺乏安全感而产生的恐惧行为。一个猜疑心很强的人，很难做到和别人和睦共处、精诚合作。他们总觉得有一双眼睛在背后盯着自己，常常担心别人会对他故意伤害和欺骗。这种人通常很难接受别人，也不容易被他人接纳。在猜疑心的作用下，人和人之间的关系变得不再纯粹，即使是合作伙伴也会貌合神离，甚至是各怀鬼胎，彼此之间无法坦诚相见。

在古代，有一对双胞胎兄弟合伙开了一家当铺。

一天，哥哥将一吊钱放进柜台上的抽屉里，就出去办事了。当他回到店里之后，发现里面的钱不翼而飞。于是，问弟弟："你看见我放进抽屉里的一吊钱了吗？"弟弟回答说："没有。"哥哥却不相信，怀疑是弟弟私吞了这些钱，并生气地说："钱不会自己跑掉，一定是你藏起来了！"弟弟听哥哥这么说，自尊心受到了打击，就和哥哥激烈地争吵了起来。于是，原本亲密无间的手足出现了严重的隔阂。

后来，兄弟俩谁也不愿意和对方说话了，他们都怀疑对方做了对不起自己的事。两个人一见面就像见到了仇人一样，不得不分家散伙。他们在当铺中间砌起了一堵墙，发誓老死不相往来。

20年后，有位穿着绫罗绸缎的商人走进店门问哥哥："你在这家当铺待了多长时间了？"哥哥回答说从当铺建立之日起他就在这个店里工作。

这位商人说："我今天来的目的是要赎罪的。20年前，我是个不务正业的流浪汉，有一天，我来到您的店里，已经饿得两眼昏花了，于是就从你家的后门溜进去，将柜台抽屉里的一吊钱偷走了。虽然当时是不得已而为之，但是我一直对这件事感到痛苦。一吊钱虽然算不了什么，但是我必须回到这里来请求您的原谅。"

这位客人说完之后，惊讶地发现店主人已经泪流满面。还没等他张口，店主人就哽咽着对他说："能不能到隔壁商店将故事再说一遍。"于是，这位客人来到隔壁重新讲述了这个故事，当讲完之后，他惊讶地发现两个面貌相似的中年男子面露悔意、相拥而泣。

一吊钱是非常小的数目，但是兄弟两人却因为它而感情破裂。其实，这都是猜疑心太重惹的祸。假如两个人都能对对方多一分信任，恐怕就不会上演兄弟反目成仇的人间悲剧了。

猜疑心是人与人之间交往和合作的毒瘤，我们必须及时祛除它。那么，怎样才能不让猜疑心闯入工作和生活呢？

第一，要改变“患得患失”的顾虑心理。古人说：“疑人者，人未必皆诈，己则先诈矣。”假如一个人心胸狭隘，经常打自己的小算盘，生怕别人从他那里得到一丝好处的话，那么他的心就会被自私和贪婪所控制，难免疑神疑鬼。“疑人偷斧”说的正是这个道理。

第二，树立一个正确的价值观和世界观。在和别人交往的时候，可以适当地有一些警惕心，但是不能把别人想得太坏，也不能把周围的环境想的过于阴暗。毕竟，世界上还是好人多，如果能够看开一些，猜疑心就会自然而然地消失了。

第三，把心胸放宽些。在生活中，我们难免会遭遇厄运，留下痛苦的回忆。如果一个人对往事耿耿于怀，难免要成为“常戚戚”的小人。因此，我们一定要学会节制和驾驭痛苦，不能让痛苦冲昏了头脑。假如我们沉湎于痛苦的过去，就无法摆脱痛苦，在以后的为人处世上，就会因为“一朝被蛇咬，十年怕井绳”而疑神疑鬼。

第四，对人对事不要有偏见。如果一个人对别人不信任，对本来很正常的事情怀有偏见的话，就会失去理性，无法做到合乎逻辑的判断和推理，他往往会凭借主观的臆断，无中生有，把幻想当成真相，从而对人和事产生猜疑。

第五，多参加一些社交活动。社交活动能够开阔视野和心胸。当一个人的视野和心胸达到一定高度之后，他的生活就会变得充实。阅历增加，对生活的认识就会愈加客观平和，自然也就不会对别人斤斤计较、无端猜忌。

4. 宽仁是智者的生活态度

子贡曾经向孔子请教过这样一个问题："有没有一个字，可以作为终身奉行的原则？"孔子告诉他："那大概就是'恕'吧。""恕"即宽容，特别是当别人对自己造成伤害时，要做到不发怒、不记仇、不报复，用豁达的心胸来容纳别人。

原谅别人并不仅仅是道德修养的体现，更是一种智者的生活态度。面对别人的无意伤害，如果能够多一份包容，不仅会取得对方的好感，还能够给自己带来更加广阔的生命空间。

曼德拉是南非著名的黑人政治领袖，曾因为反对南非政治当局的种族歧视而被下狱。曼德拉在几乎寸草不生的大西洋小岛罗本岛上被关押了 27 年，受尽了当时白人统治者的虐待和侮辱。后来，迫于国内的舆论压力，当时的南非白人政府不得不宣布对其无罪释放。

1994 年，南非进行总统大选。深受人民崇敬和爱戴的曼德拉顺利地当选为总统。在宣誓就职的仪式上，曼德拉的举动震惊了世界。

总统就职仪式上，曼德拉向南非人民介绍了来自世界各国的元首和政府首脑，对他们的到来表示衷心的感谢。之后，又重点向人们介绍了他在罗本岛时期的几位朋友——当时看管他的三位狱警。人们对此感到不解，曼德拉在罗本岛饱受摧残的经历是人人皆知的，南非人民也十分痛恨当时惨无人道的白人政府，为什么他们敬爱的总统没有丝毫怨恨，反而将这几个人当成重要人物来介绍呢？

曼德拉向人们解释说，自己年轻的时候性格比较急躁，经常发脾气，让周围的人很头痛。后来被关进了监狱，在这一段时间里，他慢慢学会了控制自己的情绪。他说：“如果没有这二十几年的监狱生活的话，或许，现在我还是那个暴躁的曼德拉。控制情绪需要长期的磨炼。如果没有这几位朋友的帮助，我是很难得到改变的。”说完之后，他转过身来，向这三个人深深地鞠了一躬。曼德拉宽阔的胸襟让虐待了他 27 年的狱警惭愧不已，台下的观众更是肃然起敬，在曼德拉转过身去的那一瞬间，人群中爆发出热烈又持久的掌声。

后来，曼德拉在答记者问的时候说：“被释放的那一天，当我走出囚室迈过通向自由的监狱大门时，我已经想明白了，如果没有这 27 年的磨难，也就没有南非的巨大变化。假如自己仍然把悲痛和仇恨留在心里，那么，我根本就没有走出监狱。”

弘一大师在《格言别录》中这样说：“人之谤我也，与其能辩，不

如能容。人之侮我也，与其能防，不如能化。”面对别人的伤害，每一个理智的人都应该学会包容对方。如果耿耿于怀，说些“你让我一会儿不高兴，我让你一辈子不高兴”的话，或许能暂时让你产生快感，但是最终受到伤害最大的依然是你。这样，你的路越会就走越窄，你的人生也会越来越暗淡。

原谅别人对自己的伤害是对自己最大的心灵释放，当你能够原谅别人的时候，你的内心也会豁然开朗。释放了自己，才能拥有健康自由的心态。

清朝年间，安徽桐城有一个著名的家族，父子两代为相，权势显赫，这就是张英、张廷玉父子。清康熙年间，张英在朝廷当文华殿大学士、礼部尚书。张家桐城的老宅与吴家为邻，两家府邸之间有个空地，供双方来往交通使用。后来邻居吴家建房，要占用这个通道，张家不同意，双方将官司打到县衙门。县官考虑到纠纷双方都是官位显赫的名门望族，不敢轻易了断。

这期间，张家人给张英写了一封信，要求张英出面，干涉此事。张英收到信件后，认为应该谦让邻里，给家里的回信中写了四句话：千里来书只为墙，让他三尺又何妨？万里长城今犹在，不见当年秦始皇。

家人阅罢，明白其中意思，主动让出三尺空地。吴家见状，深受感动，也主动让出三尺房基地，这样就形成了一个六尺的巷子，六尺巷由此而来，两家礼让之举和张家不仗势压人的做法也被传为美谈。

中国有句古话叫作“仁者寿”，一个仁者能够长寿的原因不是别的，而是因为他有一份宽广的心胸，能够正确对待生活中的困境与纷争。面对别人的不解和侮辱，他们能够做到坦然宽容，不以物喜不以己悲，最终成为了笑到最后的人。

生活中免不了磕磕绊绊，人与人相处也不可避免一些纷争，我们千万不要和别人过不去，更不要和自己过不去，进一步未必赢得天地，退一步却定能海阔天空，把所有的烦恼都沉入心底，不对那些不顺的事情过分纠缠，让它慢慢地沉淀下来，就会显出生活本真的快乐。

5. 看淡名利得失，全身心地追求事业

追名逐利是人的本性所在。但是，如果超出了一定的限度，对名利的追求就会演变成为无休止的欲望，最终将会丧失人格，失去生活的快乐。一个人一旦被功名利禄所困扰，他的心灵就会受到束缚，生命也将变得不堪重负。因为，一旦以功名利禄为评价是非的标准，人就会变得非常势力和急躁，如果付出之后得不到回报的话，就很可能长期生活在失败的阴影当中，进而变得一蹶不振。

成功者大都不是追名逐利、唯利是图之徒，恰恰相反，他们从来不会把功名利禄放在心上，能够看淡荣辱得失，进而保持良好的心态，全身心地投入到所追求的事业当中，从而迎来事业的成功和人生的辉煌。

我国著名科学家、被称为“两弹一星”元勋的钱学森就是一个淡泊名利的人。美国曾为了表彰钱学森在美工作期间对科技进步所作的杰出贡献，准备授予他美国“国家勋章”。但钱老的反应却十分淡然，他平静地说：“我不稀罕那些外国荣誉头衔。如果中国人民说我钱学森为国家、为民族做了点事，那就是对我最高的奖赏。”

毋庸置疑，名和利能够体现出一个人的社会价值和个人价值，但是如果一心只追求名利的话，不仅得不到别人的尊重和拥护，还会让自己的生命贬值。一个只想到名利的人最终也不会得到名利的垂青，只有那些心地无私、心胸宽广、淡泊名利的人才能够被历史记住，在人们的心中留下美好的印象。

居里夫人是20世纪著名的科学家，她因发现镭而轰动世界，获得了诺贝尔奖。一时间，居里夫人的名字出现在各大报纸的头版头条。外国科学家发出的邀请函，各地政要寄来的贺卡，如同雪片一样纷至沓来；怀着崇高敬意的人们纷纷前来拜访，索要签名，请求合影……这和居里夫人学生时期备受冷落的情景形成了鲜明的对比。面对今日的荣誉奖章和金钱等让旁人羡慕的东西，居里夫人没有丝毫的夸耀与满足，她表现出来的，永远是高贵的品质和那种谦虚的笑容。

一位报社记者前来采访这位科学家，准备把她的事情报道出去，却遭到了居里夫人的拒绝，她说：“在科学上重要的是研究出来的东西，而不是人。多谢您的关心，我不能配合您的这次采访。”

许多朋友都劝说居里夫人申请生产镭的专利权。面对巨大的商业利益，居里夫人坚决地拒绝了：“这种违背科学精神的事我们不能做。科学家应该不受限制地发表出个人的研究成果。发现镭对于我们来说只是偶然的事情，在这上面我们没有任何优先权，镭对于病人来说是有好处的，应该把这个伟大的发现交给工业界和医学界来广泛使用，而不是成为我们谋私利的工具！”

一向清贫的居里夫人还把大部分的诺贝尔奖金捐赠给了波兰的大学生、贫困的朋友和她的老师亲属等，自己依然过着清贫的日子。有一次她想给自己的房间添置两把椅子，又怕椅子会使休息的时间加长而不能更好地去工作，最终没有买。

瑞士的日内瓦大学准备聘居里夫妇去做大学教授，并且愿意为他们提供优厚的待遇，当时的居里夫妇还只是普通的学校教师，这样的待遇可以极大地改善他们的生活条件，但也可能会影响甚至中断研究工作。再三考虑之后，居里夫妇谢绝了日内瓦大学的邀请，继续选择留在那间破旧的实验室里。

居里夫人的丈夫皮埃尔·居里后来因车祸逝世。居里夫人将他们研究出的价值一百万法郎的镭，无偿捐献给了研究癌症的一家医院。许多朋友都责怪居里夫人，说应该把这些巨额的财富留给自己的孩子。居里夫人解释说：“贫穷固然是不大好受的，但富裕也没有必要，有了铜臭反而更讨厌。我捐献镭的目的，只是为了能够治好病，让病人减少不必要的痛苦就足够了。”对待孩子，她的要求是用勤劳的双手去创造自己的幸福生活。她给孩子们留下的独立的精神和高尚的品德，才是孩子们取之不尽用之不竭的财富。

爱因斯坦这样评价他所尊敬的居里夫人：“在我所认识的所有著名人物里面，居里夫人是唯一不为盛名所颠倒的人。”居里夫人淡泊名利，但是人们却没有忘记这一位伟大的科学家，并对她给予了很高的评价。

在生活中，有些人把热衷于追求名利看作壮志凌云的表现，实际上并非如此。其实，追求名利和淡泊名利并不是矛盾的，反而有着一致的地方。比如，千古名相诸葛亮有着青史上无法抹去的功勋，但是在生活上却非常清贫，这种意境幽远和心态旷达也是我们所需要的。只有不为名利蒙上双眼，才不会在前进的道路上丧失心智，迷失方向。

6. 良性竞争，克服嫉妒心理

黑格尔说：“嫉妒乃是平庸的情调对卓越才能的反感。”也就是说，一个有妒忌心理的人会有这样的想法“只许你不如我，不准你超过我”。这种心态是一种不敢竞争、害怕竞争的心态。他们对自己没有自信，又见不得别人比自己好。这种心理也是成功的主要障碍，不利于在这个社会中立足。

妒忌心是压力的制造者，也是激发潜能的杀手，更是人性中的恶性毒瘤。如果一个人没有正确的竞争心态，在别人取得了成绩之后，不懂得反思自己的缺点，反而认为他人成功是运气，甚至无所不用其极地打击报复对方的话，那么，他不仅输掉了自己的品性和人格，也输掉了未来成功的希望。

想要更好地适应这个竞争激烈的社会，就应该不怕竞争。要想不怕竞争，首先就应该学会控制住自己的情绪，消除嫉妒的心理，客观理智地解决问题。竞争存在的本意是提升自身的实力和价值，别让嫉妒之心弱化甚至消除竞争带来的意义。

小周毕业之后在一家报社做编辑。她在工作上非常努力，并且在编辑工作方面有着很高的天分，因此单位领导对她十分重视，并且多次在众人面前要求每个人都向她学习。后来，领导们就把一些比较重要的工作交给了她，这让她感到十分兴奋。

后来单位又招聘了一个新员工——小杨。小杨无论是天分还是工作态度，都远远超过了小周。渐渐地，公司领导越来越不重视小周，对她的表扬也一次次地减少，赞美小杨的声音却多了起来。小周感觉受到了冷落，觉得小杨是自己的威胁，因此心理十分妒忌她。从此之后，她无法安心工作，整天想着把小杨排挤出去。

后来，她从别人那里听说小杨在上大学的时候曾经做过“第三者”插足的事，如获珍宝，于是就背着小杨在办公室里神秘兮兮地向同事们宣扬这个秘密。同事们知道这个消息之后，纷纷对小杨指指点点，小杨实在受不了这种打击，只好递交了辞职信，离开了报社。

小周终于如愿以偿了。但是事情并不是她想象中的那样。后来，报社领导知道了此事，对她提出了严肃的批评，并警告她说："以后再在别人身后搬弄是非的话，就不要在报社里待着了！"小周听了，后悔莫及。

斯宾诺莎说："在嫉妒心重的人看来，没有比他人的不幸更能令他快乐，亦没有他人的幸福，更能令他不安。"嫉妒会让人沉浸在痛苦的心境当中，从而影响了正常的工作，降低了工作的效率，减弱了工作能力，难以发挥自己的创造性，还会造成人际关系的紧张，让别人看不起自己。因此，我们每一个人都应该抛弃妒忌心理，学会用健康的心态来面对竞争。只有用平和的心态去面对对手，采用良性的竞争手段竞争，才有可能让你变得越来越强，成为一个优秀的人。

第四章
定位的高度：大格局有大志向

一个人所取得成就的大小，取决于志向的大小。我们要想在这个社会中出人头地，就应该为自己确立一个大的人生目标。当然，仅仅有目标是远远不够的，还需要通过一点一滴的努力来实现。对于有大格局的人来说，每天都是一个进步的过程，他们在这个过程里不断进行着自我锻炼和提升，奋斗着，快乐着。

1. 定位高的人不会让人生得过且过

元朝人陶宗仪在《南村辍耕录》中讲了这样一个故事：五台山有鸟，名寒号虫。当盛暑时，文采绚烂，乃自鸣曰："凤凰不如我！"比至深冬严寒之际，毛羽脱落，索然如鷇雏，遂自鸣曰："得过且过。"这个故事虽然是在讲一只鸟，实际上却影射了生活中一些胸无大志、苟且度日，过完一天算一天的人。

一个得过且过的人只满足于目前所获得的一些成就，陶醉于眼下所拥有的一些东西，从来没想过奋发图强这些话题。他们认为，享受当下才是最重要的，没有理由为了虚幻的明天而在现在吃苦。抱有这种生活态度的人，生活对于他们来说没有了任何积极的意义，他们的存在也只不过是一具行尸走肉罢了。

纵观古今中外，所有成功人士都有一个共同特点，那就是无论他们处在什么样的社会地位和生活环境，都能够对自己有清醒的认识和认真的思考，他们从来不会因为暂时的成就而沾沾自喜，也不会选择在浑浑噩噩中度过一生。

拿破仑在16岁的时候就拥有了少尉的军衔。那时候，他接受上级的差遣，长途跋涉来到凡朗斯的队伍里。结果发现，他的战友们把大量的光阴都虚掷在了吃喝玩乐中，每个人抱着得过且过的态度，过着醉生梦死的生活。拿破仑对这些堕落的恶习是深恶痛绝的，他不愿意和这些战友们一样成为毫无追求的人，过那种浑浑噩噩的生活。当战友们将闲余的时间用在吃喝玩乐上的时候，他却把心思都用在了学习上。

那时候他正好负责军队的图书管理工作，这为他阅读军事、政治、哲学等书籍提供了极大便利。拿破仑早就有了理想的目标，因此无论在何种艰苦的情况下，他都能埋首学习。虽然有时候他会因为过度用功而弄得面无血色，因为战友们的嘲笑而孤寂烦闷，但是他的意志却丝毫没有动摇过。几年下来，他积攒下来的笔记，竟然有四大箱子之多。

虽然此时的拿破仑仅仅是一个少尉，但他却时刻用三军司令的标准来要求自己。后来，他绘制了科西嘉岛的地图，并且把设防计划一一罗列在地图之上。这些防御计划都是根据书上的原理，经过缜密的计算得出来的。他的努力被长官们看在了眼里，于是委派他担任了重要的工作。自此之后，拿破仑一步一步地成为了法国乃至整个欧洲大陆历史上赫赫有名的军事统帅。

后来，当拿破仑成为法兰西第一帝国皇帝的时候，那些曾经嘲笑过他的战友们依然留在下等士兵的位子上，他们不敢对他再有丝毫的嘲笑和捉弄，而是十分虔诚地听从着他的指挥。

每个人的智力和能力并没有太大的差异，伟人和常人的区别就在于他们能够永远牢记梦想。当别人尽情享受的时候，他们却把时间用在了努力追求上。

一位文学家曾经说过："坐在舒适软垫上的人容易睡去。一个身强力壮、虎背熊腰，重达近一百五十磅的年轻人竟然无所事事，这无疑是世上最令人恶心的一幕。"一个得过且过的人，无论才智和能力多么优秀，最终都无法避免平庸和贫困的生活。只有那些胸怀大志不甘于现状的人，才能够成为人生和事业的弄潮儿。

战国末期，楚国有一个管理仓库的小吏叫李斯。有一天，他来到仓库外的厕所里方便，看到一群老鼠一边吱吱叫着一边四处逃窜。这些寄身于厕所之中的老鼠，个个瘦弱不堪，毛色灰暗，探头缩爪，身上散发着臭不可闻的气味。看到这些可怜的生灵，李斯突然想起了粮仓之中的那些老鼠。那些家伙个个吃得脑满肠肥，皮毛油亮，过着优哉游哉的日子。

同样是老鼠，为什么差别竟然这么大呢？李斯陷入了沉思当中：那些厕所里的老鼠只顾着抢发馊的东西，却忽视了旁边有一个藏满粮食的粮仓。如果它们能够转一下身，恐怕就不会是现在这样的处境了。自己不正像是那些厕所里的老鼠吗？在仓库里做着让人看不起的小吏，空有一身才华却无用武之地。如果不能给自己一个好的定位，恐怕就要老死在这里了。

想要这里，李斯痛下决心，绝不能再这样浑浑噩噩地活下去。第二天，他就毅然决然地离开了这个小城，前去投奔当时的儒学大师荀况，学习治国齐家平天下的本领。

经过多年的努力，李斯最终成为了秦始皇的第一大臣，也成为了中国历史上第一位大一统王朝的丞相。

一个人能否取得成功，很大程度上取决于他的人生态度。如果始终抱有得过且过的生活态度，没有高定位，那么，他最终也不过是井底之蛙，无法看到外面的风景，也无法体验到阅尽人生的喜悦。

2. 既要胸怀大志，又要从点滴做起

每一个胸怀大格局的人都不会满足于目前的处境，更不愿意原地踏步。他们都有着改变世界、改造环境的信心和愿望。他们每一个人心中都有一个宏伟的目标，对人生也有着总体的规划。不过仅仅有一个大的目标是远远不够的，我们还要掌握实现目标的具体方法。

成功绝不是我们想象的那样简单，目标的实现也不可能一蹴而就。如果我们在行动中显得过于急躁和迫切，往往会让目标离我们越来越远。时间久了，我们会感到希望越来越渺茫，越来越力不从心，难以坚持。这个时候，远大的目标就不会给人生提供任何的帮助了。

对此，美国哈佛大学行为艺术家提出了“小目标成功学”理论。他认为，有些人总想一步登天，一下子功成名就。实际上，这是不可能的。第一是因为这个人目前的能力无法达到，第二是因为大的事业是需要经过长久的磨炼的。因此，我们在追求大目标的时候，不妨将它“化整为零”，通过完成一个个的小目标来逐步实现。

山田本一是日本著名的马拉松运动员。他在 1984 年和 1987 年的国际马拉松比赛中，两次获得了世界冠军。后来，当记者问他是怎样取得如此出色的成绩的时候，他回答说，凭智慧战胜对手，夺取最终的胜

利。记者听了，觉得他是在故弄玄虚。因为，马拉松比赛并没有包含太多的智力因素，大多是运动员耐力和体力的较量，爆发力、速度和技巧虽然能体现出一个人反应灵敏等特质，却无法和智慧挂钩。

十年之后，山田本一出了一本自传。人们在阅读完这本书之后才明白了他所说的“凭智慧取胜”绝非是搪塞的回答，而是包含着深刻的道理的。山田本一在书中写道：“每次比赛之前，我都要乘车将比赛的路线仔细地勘察一遍，并把沿途比较醒目的标志画下来，比如第一个标志是一家银行，第二个标志是一棵大树，第三个标志是一座公寓……这样一直到赛程的终点。比赛开始后，我以百米冲刺的劲头向第一个目标冲去；到达第一个目标后，又以同样的速度向第二个目标冲去……40 多公里的路程就这样被我分解成若干个小目标而轻松地跑完。起初，我并不是这样做的，而是把目标一下子定在终点线的那面旗帜上，结果跑到十几公里就觉得疲惫不堪了，因为我被前面那遥远的路程吓倒了。”

确立目标之后，就应该矢志不移地朝着这一目标前进。不过，目标并不是短时间内就能实现的，我们只能从点滴做起，一步一个脚印，脚踏实地地走下去。只要我们能够从一点一滴做起，踏踏实实地前进，就能够在完成一个又一个的小目标之后不断地获得成功的喜悦。这种喜悦会让我们时刻充满自信和激情，激励我们以更加坚定的步伐朝着大目标前进，从而取得最后的胜利。

西华·莱德是著名的作家和战地记者，他前后共写了几千个广播剧本和不计其数的报道。当别人问他靠什么取得如此大的成就的时候，他是这样回答的：

“当我第一次写一本 25 万字的书的时候，差点被这个任务吓倒，几次萌生放弃的打算。但是，我又觉得那样做会让自己太过于难堪，也会伤及我一直引以为荣的教授尊严。最后，我只好强迫自己写下去。在写书的过程中，我只去想下一个段落应该怎样写，而不是下一页，更不是下一章。在整整半年的时间里，我除了一段一段不停地写东西之外，没有做过其他的事情，最后居然完成了。

几年之前，我和一家广播公司签下了合同，做起了写广播剧本的工作。到现在为止一共写了 2000 个。假如我当初和公司签一份‘写作 2000 个广播剧本’的合同的话，恐怕就要被这个庞大的数目吓倒了，根本就不可能有接受的勇气。现在只是写完一个剧本，接着又写另外一个，经过多年的积累，我就写出这么多了。”

脚踏实地地做好眼前的小事是实现大目标最聪明的做法。大目标意味着庞大的工作量和为期较长的奋斗过程，成功的希望也会显得遥远而又渺茫。对于一些性格急躁的人来说，如果一直盯着大目标不放，往往就容易感到迷茫和痛苦，很可能会轻易地放弃和退缩。

每一个人既要胸怀长远目标，又要懂得从一点一滴的小事做起。我们应该做到不清高、不急躁、不冒进，专心致志地完成那些看似不起眼儿而实际上却是成功必要环节的工作。完成这些工作之后，才能由量的积累达到质的改变。

3. 胆识来自对自己能力的认可

很多时候，面对别人的成功和成就，不少人只是停留在仰视、羡慕和称赞的状态，却从未思考过自己是否也能取得这样的辉煌。我们在心理上总是认为别人取得成功的原因是他们的能力和才识远远超过我们。而实际上却绝不是这样。人和人在本质上并没有什么太大的不同，别人能做的事，我们同样也可以做到。只不过大部分人对自己没有一个清醒的认识罢了。

其实，每个人都存在与众不同的一面，都是这个世界上独一无二的个体，优秀者和普通者最大的差别就是如何认识自己和能否认可自己。那些有胆识、敢做大事的人，并不仅仅是因为他们存在着先天优越的地方，更是因为他们拥有自信的心态。他们知道凭借自己的能力和努力，一定能够创造出辉煌的成就，实现自己渴望达到的目标。

在我国历史上，有许多人从外表上看并无什么不同，甚至还会给人不堪一击的印象，但是他们却凭着常人所不能有的胆识谱写了一篇篇壮丽的乐章，他们的事迹也一直被后代人所传颂。

玄奘，俗姓陈，名祎，是唐代著名高僧，法相宗创始人，被尊称为“三藏法师”。玄奘 13 岁出家为僧，20 岁的时候就成了有名的得道高僧。

但是，他并不满足于这些成就，他渴望到佛教的发源地印度去学习，以便更好地发展中国的佛学事业。这种想法被很多人认为是异想天开。因为，当时交通极其不发达，中国和印度之间有喜马拉雅山的阻隔，很难穿越过去，要想到达印度，必须取道甘肃、新疆，越过帕米尔高原，绕过中亚细亚。玄奘想去印度求经，谈何容易。

就在很多人劝说玄奘放弃这一“非分之想”时，玄奘却在贞观元年（627 年）离开长安，踏上了“求法”的征程。

在一望无际、渺无人烟、狂沙满天的戈壁滩面前，玄奘没有退却。他不认识路，就沿着马和骆驼的粪便艰难前进。在戈壁滩上，他忍受着“寒风如刀”“热风如火”“口渴难耐”的折磨，义无反顾、勇往直前地走着，发誓“不到印度，绝不后退半步”。经过 4 年的艰难跋涉，历经 16 个西域国家的征程，他最终到达了印度最有名的佛教艺术中心——那烂陀寺院。在那烂陀，玄奘克服了水土不服、语言不通等各种困难，最终完成了他的学业，同时也成为了该寺院最著名的法师之一。

17 年后，玄奘带着他收集、学习的 600 多部佛经返回了长安。唐太宗听说这位名震四方的佛学大师回来之后，特意在长安城为他举行了盛大的仪式欢迎他的到来。长安城的市民纷纷来到大街上，一睹这位勇者和智者的风采。

相信自己，认可自己的能力，是高度自信的心态，它能够产生最大的胆识和勇气。无论面对多么恶劣的环境，多么巨大的困难，只要对自己的能力有信心，就一定能够产生积极的行动，也就一定能够取得骄人的成绩，获得累累硕果。

一个小男孩在山上的鹰巢中发现了一颗鹰蛋，并带着这颗鹰蛋回到了家里的养鸡场。他把这颗鹰蛋和鸡蛋混在一起，让一只母鸡来孵化。不久之后，孵出来的小鸡里出现了一只小鹰。这只小鹰和小鸡一起生活、成长，它潜意识中也把自己当成了一只小鸡。

后来，这只小鹰慢慢地长大了，它的内心常常感到不安。因为，它发现自己和身边的小鸡在形体上存在着很大的不同，它经常想："我一定不是一只小鸡，而是一种比鸡飞得更高的禽类。"当时，尽管它有些不甘心，但是却没有采取任何行动。直到有一天，它看见头顶上飞过一只苍鹰，小鹰顿时感觉到自己的双翼有一股奇特的力量，胸腔里的心正在猛烈地跳着。一个想法浮现在脑海："我绝不是一只鸡，养鸡场也绝不是我待的地方。我应该和苍鹰一样飞上蓝天，回到自己的世界中去。"

此刻，小鹰的内心充盈着强烈的自信，它展开翅膀，奋力地朝着一座山顶飞去，终于，它飞过了山顶、冲上了蓝天，找回了自己。

生活中有很多人和这只小鹰一样，有着翱翔天空的能力。只不过，他们没有自信，过分贬低自己的能力，在行动上也表现出了消极、迷茫和恐惧，最终把自己搞得一事无成。

我们常说"狭路相逢勇者胜"，勇者所表现出来的并不是高超的技能，而是高度的自信；正是这种精神气质，才使得他们很快将对手打倒。

因此，我们在做事的时候，一定要培养“我能行”的心态，相信自己，认可自己，通过不断的探索和实践来超越自我，实现梦想。

4. 摒弃打工者心态，把工作当成事业

人人都想做成自己的事业，但是由于工作经验、技术知识和经济基础等条件的限制，他们尚且无法达成这一目标，只能通过工作来养活自己，解决衣食住行等问题。对待工作，有的人态度端正，有的人却出现了偏差。他们认为，自己所从事的工作只不过是权宜之计，是一种谋生的手段，没有必要做到尽善尽美。因此，他们对工作采取应付了事的态度：能提前下班绝不加班加点，能趁机偷懒绝不多做一分钟，能推卸责任绝不主动揽责。他们一面懒洋洋地应付着手头的工作，一面抱怨领导是榨取剩余价值的资本家。

毋庸置疑，我们固然是在为公司创造利润和价值，但是，工作的意义却绝不只是为了公司，为了领导，更重要的是为了自身的生存和发展。如果我们能够认真地对待工作，将极大的热情投入工作中的话，不仅能够为公司创造利润，还能增加自己的收入，提高个人的工作能力，也能为自己将来独立创业打下良好的基础。在工作中，始终抱有打工者心态，不仅在能力上得不到任何的提升，还会让自己只能停留在打工者的眼界和格局上。

安德烈年轻的时候在一家工厂做工。刚进厂时，他和很多人一样，只是完成自己分内的工作，对其他的工作环节漠不关心。他的父亲警告他说："你应该用为自己打工的心态来对待工作，否则，长此以往，你永远只会是一名小工。"听到父亲的话，安德烈很快改正了工作态度。他开始细心观察工厂的生产情形，虚心地向一些老技术工人请教。通过观察学习，他了解到一部汽车由零件到装配出厂，要经过13个不同的部门相互合作。他想既然自己从事了汽车制造的行业，就应该了解汽车全部的制造过程。于是，在工作的时候，他除了完成自己的工作之外，把剩下的时间都用在了对各个环节的观察和学习上。2年下来，安德烈学会了电焊、喷漆、车床、坐垫制作等工种。5年之后，他把那13种技能全部学到了手。

如今的安德烈不仅懂得了各种零件的制造情形，还能辨别零件的优劣，老板对他的工作态度非常满意，把他提升为了车间领班。后来，安德烈通过努力，最终成为了这家汽车制造厂的副总裁。

无论任何时候，一个怀着打工者心态来面对工作，在工作中缺乏激情的人，永远不可能取得大的成就。只有那些把工作当成自己事业的人，才能够拥有广阔的发展空间，获得更多的机会和成功的垂青。

齐瓦勃是美国著名的企业家。他出生在美国西部的一个乡村，由于家庭经济条件有限，只接受过短暂的学校教育，小学没有读完就辍学了。15岁那年，为了减轻家里的负担，他不得不去山村里做马夫。不过，胸怀大志的齐瓦勃并没有因此放弃对人生的规划。18岁那年，他来到了一家建筑公司做小工。

建筑工人每天都在和泥水石灰打交道，工作十分辛苦，而薪水和工作量又不能成正比。他的同事每天都会抱怨生活痛苦，环境不佳，然而，齐瓦勃并不是他们中的一员。每天下班后，他就避开闲聊的同事，躲在一个角落里看书，学习建筑知识。一天，前来检查工作的经理看到了他手中的书和笔记本，暗自记住了这个勤奋好学的小伙子。第二天，经理把齐瓦勃叫到办公室，问他为什么要学那些和他身份不符的东西，齐瓦勃回答说："我们公司并不缺打工者，缺少的是那些既有工作经验，又有专业知识和技术的中层骨干，我不想一直在工地上消耗下去，所以就趁下班的时候多学一点知识。"经理赞赏地对他竖起了大拇指。几天之后，他就被任命为项目经理。

成为项目经理后的齐瓦勃并没有满足，而是朝着更大的方向努力。为了工作，他经常加班，很多同事感到不理解，就嘲笑和挖苦他。齐瓦勃说："如果你们认为我在为老板打工，或者只是为了钱而卖命，那就大错特错了。我现在要做的，是为自己打工。我不甘心现在的位子，我要为明天的理想和前途而奋斗。"正是因为有了这样的信念，齐瓦勃在几年的时间里从项目经理做到了工程师，最后又做了这家建筑公司的总经理。

10年之后，齐瓦勃终于拥有了自己的公司，凭借长期的经验积累和努力拼搏，他完成了从建筑工人到成功人士的飞跃。

当我们抱着为自己打工的信念去工作，我们就能够成为工作的主人，进而做到积极地思考，主动弥补身上存在的不足，让自己的视野得到拓展、能力得到提高。只有抱着为自己打工的信念，才能够将大量用来徘徊和等待的时间放在学习和工作上，从而为将来的成功奠定坚实的基础。

5. 为了明天的成功，耐住今天的寂寞

罗素说，人要练就一种忍受单调生活的能力，即忍受孤独的能力，品味孤独的能力。成功必然要经过一段单调、枯燥和痛苦的时期，只有忍受得住寂寞的人，才能够取得最终的成功。纵观古今中外，许多功成名就的人都曾在漫长的黑夜中艰难地努力着，并以惊人的毅力忍受着时间和环境所带来的寂寞和痛苦。

王强初中毕业后在一家机械厂上班，面对人才济济的机械加工市场，他从最基本的打磨棱角开始，一步一步稳扎稳打。在别人下班后去夜市吃喝玩乐的时候，王强一个人待在屋子里研究机械加工制图，在别人休息日去市里玩乐的时候，王强坐在培训班里学习高级制图。在机械厂工作 3 年的时间里，有人辞职，有人升职，有人被开除，也有人劝王

强：还是换个工作吧，你这样下去永远都出不了头。王强总是笑笑，然后继续钻研自己的工作。

在机械厂工作的第 5 年，王强在一次技工大赛上凭借自己过硬的技术坐上了场内第一技工的交椅。

李白说“古来圣贤皆寂寞”，对于常人来说，寂寞是无法忍受的，但是在圣贤们的眼里，寂寞才是生命中最真实的乐章，他们能够在寂寞之中坚定信念，不会因为无人理解而动摇，也不会因为环境的寂静而痛苦。

生活中，很多人在苦苦地追求成功的真谛，最终却总以失败告终。这并不是因为他们无法发现成功的踪迹，而是他们发现后不能坚持到底。他们害怕孤独，难以承受寂寞，不愿意在寂寞之中提升自己。他们喜欢热闹，习惯有人陪伴，不是今天去唱歌，就是明天去放松享受。这样做，成功的宝典即使拿在手中也将毫无作用。只有那些不为世俗所诱惑的人，才能够忍受得住孤独和寂寞，从而取得成功。

20 世纪 50 年代，余彭年怀揣着对人生的美好希望来到香港淘金。生于湖南乡下的他在香港既不会说英语，又听不懂广东话，在求职的时候屡屡碰壁。身在异乡，举目无亲，最后还是在一位老乡的帮助下，找到了一份勤杂工的工作。

扫地、洗厕所的活计又脏又累，还会遭到别人的白眼。但是，被生活所迫的余彭年不得不每天坚持去做这份薪水低微又没有什么发展前途的工作。

周六日是公司员工休息的时间。这两天，勤杂工也是不用上班的。刚刚来到香港的余彭年很想去欣赏香港的美丽景色，了解一下当地的风土人情。但是，即使公司规定休息，也仍有很多员工在加班，没有人及时打扫卫生的话，写字楼里就会脏乱不堪。于是，当别的勤杂工出去逛街游玩的时候，余彭年决定留下来继续干好本职工作。

不多说一句话，干好手中的事，是余彭年一直以来的做事风格。公司里有的勤杂工看不起他，在休息的时候，不愿意主动走上前来和他聊天。余彭年对此也并不在意，仍然是默默地坚持着把工作做好。终于有一天，老板看到了这位沉默寡言而又工作认真的小伙子，对他产生了好感。随后，就破格让他进入办公室工作。余彭年成为办公室内的一员后仍坚持着往日的行事风格，在工作上表现得非常勤奋，老板对他就更加器重了，逐步提拔他成为公司的总经理。

几年后，余彭年积攒了足够的工作经验和一定的创业资本，就向老板递上了辞职书。老板愉快地同意了，并且让余彭年成为他公司的股东之一。自此之后，余彭年在事业上开始了展翅飞翔，他的生意越做越大，在地产界和酒店行业取得了令人瞩目的成就。

余彭年的成功不是偶然的，其中最重要的原因就是他能够耐得住寂寞，坐得住冷板凳。他不会因为工作的卑微而轻视，也不会因为同事的冷落而愤怒，在相当长的一段时间内，他能够静下心来面对困境，正因为如此，他才有了后来的成就。

一位作家说："其实人与人都是很相似的，不同就那么一点点。"这一点点，从相当大的程度上说，就是自我克制的能力，忍受寂寞的能力。不甘平庸，想要成就一番事业，就应该做好承受寂寞的准备。唯有耐得住今日的寂寞，才能赢得明天的成功。

6. 合理地安排可支配的时间

生活中，我们经常听到这样的话："还有几分钟就要吃饭了，什么事也干不了。"实际上，这只是一种懒惰的借口罢了。有很多伟人正是合理地支配了这些零碎的时间，才获得了令人瞩目的成就。比如，朗费罗对巨著《神曲》的翻译，是在每天等咖啡煮熟的10分钟里完成的；他对历史学巨著《英国史》的阅读，也是在每天等待开饭的短暂时间里进行的。

休·米勒是一个石匠，他在做好本职工作的同时，利用一些零碎的时间阅读科学书籍，最后，凭借自己和石头打交道的亲身经历，写出了一本充满哲理和智慧的大部头著作。

伽利略是一名外科医生，他在救死扶伤之余，挤出时间从事科学研究，从而为后人留下了丰硕的科技成果，受到后世的敬仰。

这些事例都在表明：只要懂得合理地管理和支配时间，就能够成就一番伟大的事业。鲁迅先生曾经说过：浪费自己的时间等于慢性自杀。

时间对于我们每一个人来说，都是一笔宝贵的财富，我们应该学会管理时间，争取把每一分钟都用在有意义的地方，让每一天都能在充实当中度过。如果你能做到这一点，那么你在生活和工作中也一定能收获新的成就。

李嘉诚最初在一家茶楼里做跑堂伙计。由于广东人习惯喝早茶，所以店伙计就必须在早上5点钟的时候为客人们准备好茶水和早点。李嘉诚在上班的头一天就买了一只闹钟，为了不迟到，他把闹钟调快了10分钟，所以，他总是第一个赶到茶楼的人。后来，比别人早10分钟就成为了李嘉诚的生活习惯，他将这一习惯保留了大半个世纪。

茶楼虽小，却聚集了社会上三教九流的各色人。在茶客之中，有生活困窘之人，也有家财万贯的富客，有性格豪放的，也有成熟稳健的。李嘉诚认为，在茶楼工作不仅仅是一个养家糊口的工作，同时还是一个向别人学习的机会。于是，他在为客人端茶送水的时候，习惯认真观察每一个人的行为举止，倾听他们的言谈，一段时间下来，他从里面体会到不少东西。

成功后的李嘉诚也没有让自己松懈下来，仍然一直坚持合理利用时间。他给自己定下了一个严格的规定：无论晚上几点睡觉，都要在早晨5点左右起床。起床之后，先听一段新闻，再打一个半小时的高尔夫球。打高尔夫球并不仅仅是他休闲娱乐的方式，他把这一段时间当成让自己保持冷静的机会。

每天来到办公室之后，李嘉诚都要坐在办公桌前看一下当天的全球新闻。有一些看不懂的外国报纸，会有专门人员帮忙翻译。他总是一边看报纸，一边思考全球经济和行业变迁的整体趋势，以便作出下一步的计划和决定。

大多数时候，李嘉诚都是下午6点下班。回到家里之后，他不顾满身疲惫，稍事休息之后，就拨打越洋电话，了解旗下公司的现状。除此之外，他每天晚上还要在灯下苦读几个小时。他读书并不是漫无目的的，而是每一天都给自己设定一个主题，如果当天完不成这些任务的话，他是绝对不会休息的。

李嘉诚在慈善事业上非常大方，在时间上却非常吝啬，他不愿意因为一些无关紧要的事而浪费自己一点点时间。也正是因为如此，他才能创造出自己的商业帝国。

这个世界对每个人在时间上都是公平的，无论你是穷人还是富人，无论你是企业的管理者还是公司的员工，每人每天只能拥有24个小时，如果你不能正确地利用这些时间，把大好的光阴浪费在一些没有意义的事情上，那么你的生活也会随之变得毫无意义。

“劝君莫惜金缕衣，劝君惜取少年时。花开堪折直须折，莫待无花空折枝。”在人的一生当中，时间是最公平也是最无情的，每个人都无法阻止时间的流逝。既然如此，我们更应该珍惜眼下所拥有的时间，用科学的方法管理它、支配它，只有合理地利用了自己的时间，才能避免将来的痛苦与后悔。

中篇

大格局的力量

有大格局的人，自然就会拥有一种开阔的精神气象，这就是所谓的成功者的气场。人生有很多的不确定性，什么样的格局决定什么样的人生。大格局成就一个人的坚韧和智慧，于外敢于承担责任，于内平缓躁动不安，如此，什么样的险阻和诱惑都可以平安渡过，最终以顶天立地的人格力量打开新的天地。

第一章
大格局成就人格魅力

稳健，顾名思义就是稳而有力，这是所有成功者必备的素质。一个有大格局的人，敢于承担责任，能够从容镇定地对待困境；他们讲究诚信，在待人接物上更能做到彬彬有礼；他们有着较高的影响力，能够得到别人的尊重欣赏和信任，周围的人愿意和他们合作。因此，他们的事业也就越来越大，所取得的成就也越来越辉煌。

1. 大格局强调稳健的精神气象

一个有大格局的人，也必定是一个成熟稳健的人。一个稳健的人，不会因为外部条件的变化而慌乱，更不会因为一点风吹草动就手足无措或者暴跳如雷。无论外部条件如何变化，他们都能够做到处变不惊、临危不乱。他们稳健的处事态度，不仅能够让事情得到有效的解决，也会获得别人由衷的佩服，从而有力地提高个人的影响力。

383 年，前秦皇帝苻坚率领百万大军南下，扬言数日之内吞并东晋，一统天下。消息传到东晋之后，整个建康城一片恐慌，朝堂之上顿时乱成了一锅粥，有的人主张迁都避祸，有的人主张开城投降。持不同意见的人在朝堂上争吵了大半天，最终也没有拿出一个明确的方案，只好把目光都盯在了宰相谢安的身上。

兵临城下之际，谢安没有像一些大臣那样主张投降或者逃跑，他没有表现出丝毫的慌乱，等大臣们争吵完毕之后，果断下令抗敌。他派弟弟谢石、侄儿谢玄率领8万北府军出城，然后又有条不紊地调集军械、粮草。当时，有人害怕前线战事不利，准备派精锐部队来保卫京师，却被谢安拒绝了。满朝文武看到谢安一副临危不乱的样子，也就平静了下来，同时也对这场战争充满了信心。至此，东晋朝廷才算回归了平静。

谢玄在出发之前对战事没有信心，向谢安询问对策，谢安只是淡淡地回答了一句“一切我都安排好了”，之后便绝口不提战事。谢玄心里还是没底，又派部将张玄去打听。谢安依然没有回答，反而邀他下起棋来。此时的前秦军队已经到了长江边上，张玄十分恐慌，在下棋的时候想着前方的战事，结果屡屡败在了气定神闲的谢安手里。

后来，晋军大捷的战报传来，谢安依然在和别人下棋。他看完战报之后，不动声色地把它放在了一边。客人忍不住询问，谢安平和地回答道：“没什么，孩儿们已经破敌了。”

大军压境，谢安泰然处之，迅速地作出应敌之策，他的稳健与超然给朝中慌乱的大臣们吃了一颗定心丸，同时也鼓舞了前方将士们的士气。

稳健是一种修养，一种气度，更是一种智慧和哲学。如果一个人在遇到意外情况的时候丧失理智，作出一些出格的事情，不仅会给自己带来麻烦，也会给别人带来困扰。

巴顿是第二次世界大战期间美军著名的将领。有一天，前方战局出现了不利，他感到非常郁闷，就到所属的美军后方的医院去视察。当他来到病房的时候，发现一个身上没有任何伤口的士兵也住在医院里，他的脸色就变得很难看。

现在战况不利，前方吃紧，正是用人的时候，这个士兵却躺在医院里躲清闲。巴顿越想越生气，就对着那个士兵大声地骂道："你这个胆小鬼！美利坚合众国的败类！前方将士正在流血，你却躲在这里装病号，简直就是懦夫！"

那个士兵见到他怒气冲冲的样子，心里感到非常害怕，就结结巴巴地告诉巴顿说自己真的有病。原来他患有了一种名叫"炮弹休克症"——能听到炮弹飞过，却听不到它爆炸——的疾病，这种病状在士兵中是很常见的。谁知道巴顿听了之后，非但没有向士兵道歉，反而更加愤怒，他伸手给了这个士兵几个响亮的耳光，又怒气冲冲地骂道："你是盟军的耻辱！更是我的耻辱！现在你必须马上回去参加战斗，不能躺在这里……"巴顿一边说一边拔出手枪，那个士兵看了之后，顿时吓得昏了过去。见此，巴顿的火气更大了，他大声地向医生叫喊，让他们赶紧把那个士兵送出医院去。

巴顿打人的消息很快就在他所领导的第 7 集团军内部传开了，许多将士对此表示不满。巴顿在军中的影响力一日日地降低，他对此感到很苦恼，但也无可奈何。后来，事情越闹越大，美国国内的媒体报道了这件事，被打士兵的家人向总统罗斯福发出抗议，强烈要求巴顿向他们道歉。迫于舆论的压力，罗斯福只好下令让巴顿向被打的士兵及其家人道歉，同时还要在整个第七集团军内作出检讨。

巴顿这才知道闯了大祸，只好执行了命令，希望能够挽回一些损失。但是，国内还有很多人不肯原谅他的粗暴行为，强烈要求将他送到军事法庭，接受审判。后来，在艾森豪威尔的保护下，巴顿没有受到更严重的惩罚，但是，他在军中的威信和影响力已低至谷底。

巴顿的所作所为就是典型的浮躁、冲动、心智不成熟的表现。他因为作战不利而丧失了理智，把怒火发在了一个普通士兵的身上，最后引起了众怒，也毁掉了自己的前程。尽管他有着天才般的军事才能，但是缺乏稳健的精神，缺少广阔的心理格局，最终也只能让自己成为一个失败的英雄。

生活中，每个人都难免会遇到一些危机或者是不愉快的事情，在这个时候，如果表现得过于慌张或者愤怒的话，就必然会让自己在失败中越陷越深；我们需要做的是坦然应对，作出理智的选择，只有这样，才能让事情圆满解决，同时不丧失自身的积极影响力。

2. 与人合作，要有“主力”心态

俗话说：“一个篱笆三个桩，一条好汉三个帮。”现代社会，靠一个人的单打独斗是不可能成就伟大的事业的。无论做什么事情，只有团结起来，才是明智的选择。合作是人类生存的基本方式，也是人类的智慧所在。通过合作，双方往往能够达到双赢的结果。

不过，对于合作，我们应该有一个清醒的认识：合作是借用别人的力量，而不是依赖别人。在合作中，我们要考虑到自己的原则，坚持自己的底线，而不能让自己扮演跟随者的角色。换句话说，就是要有“主力”心态——做任何事，要以自己的能力和资本为主，而不能过分地依赖于别人的帮助。

如果我们无原则、无底线地借用别人的帮助的话，就会丧失人格和能力的独立性。一个人如果将自己放在了从属于别人的位置上，其所获得的成功是不纯粹的，这样的合作也注定是无法长久的。

石敬瑭原来是五代后唐时期的将领，后唐明宗李嗣源去世后，他看到朝廷虚弱，就起了取而代之的野心。但是，当时他仅仅是一个小小的节度使，仅凭一己之力很难实现颠覆后唐王朝的目标，于是，他就想到了借用契丹人的力量。

石敬瑭派人带了一封信给契丹国主。在信中，他表示向契丹国主称臣，并且请求用侍奉父亲的礼节来侍奉契丹国主，约定事情成功之日，割让卢龙一带及雁门关以北诸州给契丹。石敬瑭的部将刘志远知道此事后，对石敬瑭说："称臣就可以了，用侍奉父亲的礼节侍奉他就太过分了。用丰厚的金银财宝贿赂他，自然就足以促使他发兵，不必许诺割让土地。如果割地给契丹的话，恐怕以后会成为大患，到时候后悔就来不及了。"但是石敬瑭却听不进去，一意孤行。后来，契丹国主耶律德光读过石敬瑭的信，大为高兴，就答应了他的要求。他给石敬瑭回了一封信，在信中约定等到仲秋时节发动举国兵马援助石敬瑭。

936年仲秋，耶律德光率领几十万大军浩浩荡荡杀向中原，和石敬瑭里应外合，很快就灭掉了后唐。耶律德光见到石敬瑭之后，对他说："我从三千里以外来援助你解决危难，必定会成功。看到你的容貌和胆识，果真是中原的国主。我要扶立你做天子。"石敬瑭听了之后还假惺惺地退让一番，最终还是答应了。契丹国主制作册封的文书，封石敬瑭为大晋皇帝，自己解下衣冠授予石敬瑭，并在柳林搭筑祭坛。当天，石敬瑭即皇帝位。

石敬瑭坐上后晋的皇帝之位后，非常"守信用"，把幽云十六州割让给了契丹国，并且承诺每年运送丝帛三十万匹。接着，石敬瑭又给契丹国主耶律德光及述律太后起尊号。他派遣大臣配备着卤簿、仪仗、车辂，送至契丹行礼，并且附上国书一封。在国书中，石敬瑭恭恭敬敬地称耶律德光为"父皇帝"。比石敬瑭小十几岁的耶律德光见他如此隆重，既感到欢喜，又十分瞧不起他，觉得这个家伙一点骨气都没有。索性，就真把石敬瑭当成了“儿子”。

石敬瑭这个“儿子”做得也蛮合格。每当契丹的使者到来，他就在别殿拜接契丹的诏书和敕令。每年除了要输送丝帛三十万匹之外，各种吉凶庆吊事情，年度馈赠，玩好珍异，样样不差，运送礼品的车马从未中断。而且，对于契丹国的述律太后、元帅太子、伟王、南王、北王、韩延徽、韩延寿等诸大臣都有贿赠，契丹国的贵族们看到中原的皇帝竟然如此窝囊，就日益骄横起来，对他送的礼物挑三拣四，小有不如意，就来责备、索取，石敬瑭不急不恼，反而常常用谦卑的语言谢罪。

石敬瑭派出的使者来到契丹之后，常常受到非人的待遇。那些契丹贵族们骄横傲慢，多出言不逊。使者们感到十分丢人，回到中原之后就向石敬瑭报告。大臣们知道此事后，都深以为耻，但是石敬瑭却依然不急不恼，继续小心翼翼卑躬屈膝地侍奉着契丹人，没有一丝的怠慢。

因为石敬瑭的“好脾气”，在他当皇帝期间，契丹国没有对中原发动过大规模的战争。后晋王朝和契丹国之间也维持了非常“友好”的“合作”关系。后来，契丹国主多次制止后晋高祖石敬瑭上表称臣，只命令石敬瑭写信时自称“儿皇帝”，如同家人之间行礼一样，但是石敬瑭依然小心翼翼地在国书上写着“儿臣晋国皇帝石敬瑭”的字样。这一下，弄得契丹上下没有一个人瞧得起他，后晋王朝的人背地里也经常大骂他是个没有骨头的家伙。

在“王侯将相宁有种乎”的五代时期，石敬瑭想做皇帝并不是什么丢人的事，想通过合作来实现也很正常。但是，在合作的时候，他却选

择了奴颜婢膝的态度，把自己放在了奴仆的位子上。最后，他虽然得到了皇位，却丢掉了尊严，成为遗臭万年的“儿皇帝”。

我们在做事的时候，有合作的精神还不够，更要懂得如何合作。合作中，既要保持合作双方地位的平等性，还要尽最大的努力让自己成为合作中的主力，不能为了表面的和平而丧失尊严和原则。只有这样的合作才是有效的合作，也只有这样的合作才能让自己变得更加强大，让合作愈加持久。

3. 把自己放在诚信的至高点上

中华民族是一个重视诚信的民族，几千年来，我们一直把诚信当成一个人安身立命的根本。在《论语》中，孔子一遍遍地阐述着诚信的重要意义，如“人而无信，不知其可也”“民无信不立”等。从中不难看出，无论是对于国家还是对民众来说，诚信都是不可或缺的道德要求。

诚信是社会对一个人内在且必然的要求，更是一个人在社会上行走的通行证。如果我们做不到为人以诚，待人以信，那么，就无法获得社会的认可。假如我们一直用谎言来对待别人，或许在短时期内能够得到一些利益，但长此以往，就会因为失去别人的信任而丧失立足之地，进而身败名裂，甚至还会赔上身家性命。

周朝最后一代君主周幽王有一个如花似玉的妃子，名叫褒姒。褒姒进宫之后，被周幽王当成了宝贝，为了讨取她的欢心，周幽王想尽了各种办法。但是，褒姒却整日愁眉不展，脸上难见一丝笑容。后来，一个大臣献计说，可以在都城的烽火台上点起烽火来博得妃子一笑。在当时，烽火是遇见敌情报警的信号，只有在外敌入侵的紧急情况下才能点燃，诸侯看到烽火之后，就会率兵前来救援。如果没有敌情，是不能轻易点燃烽火的。然而，周幽王为了他心爱的妃子却顾不上这些了，当场下令点燃烽火。

诸侯们看到烽火，以为京城出现了敌情，纷纷率兵前来。他们来到城墙下，却没有发现任何敌军的影子。这时候，周幽王派人告诉他们说："根本没有敌人，这只是大王和王妃在玩游戏罢了，你们都回去吧。"诸侯们听了，愤怒非常，但又无可奈何，只好调转马头原路返回。褒姒看到那些平日里威仪赫赫的诸侯狼狈退回的样子，发出了响亮的笑声。周幽王看到之后，顿时喜上眉梢。然而，还未走远的诸侯们听着这笑声却觉得格外刺耳，感觉受到了愚弄。

5 年后，西夷犬戎大举攻周，周幽王招架不住，只好点燃烽火求援。但是，诸侯们看到熊熊的烽火却无动于衷，他们觉得这又是国君在捉弄他们，去了只能是自取其辱。在失去外援的情况下，都城镐京很快被犬戎占领。城破之后，周幽王被乱兵杀死，褒姒也成了敌军的俘虏。

一个帝王丧失诚信的原则，大玩"狼来了"的游戏，虽然取得了短暂的快乐，最后却断送了整个江山，自己也落得个身首异处的悲惨下场。

可见，诚信对于一个国家的兴衰存亡和一个人的生死荣辱起到了多么重要的作用。

反观现今，处于市场经济的社会大环境下，许多人为了得到更多的利益，往往忽视了诚信这一最根本的原则。他们或是锱铢必较，目光短浅；或是见利忘义，因小失大……演出了一幕幕违背良心、令人抱憾的悲剧。他们以善于说谎为能事，将讲究信用看作愚蠢的选择，实际上呢？他们的所作所为才不是什么聪明之举，不过是饮鸩止渴、自毁长城罢了，随着时间的推移，他们必将为自作聪明付出惨重的代价。

每一个重视成功的人，都不愿意给自己留下不诚信的标签。因为他们知道，一个人一旦失去了信用，就无法再获得他人的选择；一个企业如果失去了信誉，就会在很短的时间内走向破产。他们知道，抛弃了诚信，就是抛弃了自己，抛弃了成功。

美国华尔街金融巨头摩根的祖父老摩根，曾投资了一家名叫“伊特那火灾”的小型保险公司。创业初期，由于保险行业刚刚起步，这家公司就对外宣布，只要在公司股东的花名册上签上一个名，不需要花一分钱就能够免费成为这家公司的投保人。这个消息传出之后，纽约的很多市民纷纷赶来，签上了他们的名字。

天有不测风云，一场特大火灾突然发生。当初签名的投保者纷纷前来索赔，“伊特那火灾”保险公司的投资者们看到这种情景，纷纷表示要放弃他们的股份。但是，老摩根却没有这么做，而是派人处理了赔偿事务。这条消息传出之后，很多投保者对老摩根充满了佩服之情。于是，不少人纷纷带着大量现金来到这家公司投保。“伊特那火灾”保险公司在纽约名声大振，新的投保金额提高了一倍以上。老摩根在这次火灾事件中不但没有赔钱，反而净赚了15万美元。坚守信用给老摩根带来了更大的财富。

老摩根在创业之初就把诚信当成了终身信奉的原则。诚信帮助他在纽约乃至整个美国确立了较好的声望，为他带来了很多合作伙伴，也给他带来了大量的利润。

以诚待人，以信取人，这是一个人和一个企业立足的根本。无论是对个人、企业抑或是国家而言，诚信都是关乎生死存亡的命脉。我们要想在这个世界上立足，要想在这个竞争激烈的社会中占据一席之地，就要把自己放在诚信的至高点上。

4. 注重口才培养，语言表达恰当得体

在职场中，许多人工作非常努力，但是对口才这方面的能力却并不感兴趣。他们认为，成功源于个人的努力和奋斗，而不是取决于说话。勤奋和努力是值得肯定的，但是，忽视口才作用的态度却不足取。

全球著名的励志大师卡耐基曾经说：“好口才是所有成功者的共同特点。”在这个竞争激烈的社会，一个人的能力、知识、修养，从很大

程度上来说，要通过得体的表达来实现。一个人要想获得大多数人的支持，在竞争中胜出，就需要在说话上下一番功夫。

1860 年，作为共和党候选人的林肯和民主党的代表道格拉斯竞选美国总统。道格拉斯是一个百万富翁，他为了在气势上击垮平民出身的林肯，特地租用了一辆豪华专车，并在车后放了一尊礼炮，每到一个地方就放 30 声礼炮，还专门请了乐队进行配合演奏。这样的宣传方式在美国历史上还是第一次。道格拉斯坐在车上，狂妄地叫嚣着："我要让林肯这个乡巴佬儿见识一下什么叫作贵族气息！"

林肯没有太多的钱去置办专车和礼炮，只能坐在一辆破马车上，前往每一个选票点为自己拉票。面对道格拉斯的挑衅，林肯没有丝毫的胆怯和悲观，而是选择了沉着应战。在道格拉斯大肆炫耀自己的财富的时候，林肯诚恳地对选民们说："有人曾经问过我的财产有多少，我坦白地告诉大家，我有一个妻子和三个儿子，这些对于我来说，都是无价之宝。除此之外，我还租了一个办公室，办公室里有一张办公桌，三把椅子，墙角有一个大书架，书架上的书值得我们每一个人去读。至于我本人，又瘦又穷，脸也很长，没有丝毫的富贵相。在这次总统大选中，我没有太多的选举经费做依靠，唯一可以依靠的就是你们。"

林肯没有足够的经济实力作后盾，在竞争中处于劣势。但是，他在这次大选中却轻松击败了身为百万富翁的道格拉斯。他胜出的原因之一，就是得体的表达。林肯用最淳朴的语言、最真挚的感情打动了每一

位选民的心，获得了大多数选民的支持和拥护。可见，口才是打造个人影响力非常重要的因素，他人需要通过你得体的表达获知你的观点及意见，进而了解你。

杨澜在成名之前只是北京外国语大学的一名普通学生。后来，正大集团和中央电视台合作，共同制作《正大综艺》栏目，为了提高这个电视节目的质量，正大集团和中央电视台决定在全国挑选有能力有文凭的女性来做主持人，杨澜有幸被推荐参加选拔赛。

杨澜的气质较佳，毫无悬念地进入决赛。然而，最终进入决赛的人都是经过一路拼杀的高手，无论气质还是漂亮程度，杨澜都不是最出色的，因此，许多人并未把她当成最佳人选，能否录取她，谁也无法确定。

最后确定入选人的时候，电视台要在杨澜和另外一名女孩子中间作出选择。那个女孩子用杨澜的话说“的确非常漂亮”，杨澜在这方面和她有着很大的差距。但是杨澜并没有因此而丧失信心，她决心要在评委们面前显示出自己的真实能力。

这次有两个考题：一、你将如何做这个节目的主持人？二、介绍一下你自己。

杨澜是这样回答的：“我认为主持人的首要标准不是容貌，而是要看她是否有强烈的与观众沟通的愿望。我希望做这个节目的主持人，因为我喜欢旅游，人与大自然相亲相近的快感是无与伦比的，我要把自己的这些感受讲给观众听。”

在介绍自己时，杨澜是这样说的：“父母给我取‘澜’为名，就是希望我有像大海一样的胸襟，自强、自立，我相信自己能做到这一点……”

在半个小时的回答中，杨澜语言流畅，思维清晰，并且没有一点的文字辅助，完全依靠临场发挥，评委们被她的知识和谈吐间的气质深深吸引，人们也不再去关心她长得漂亮与否了。杨澜在事后回忆说：“说完后，我感到屋子里非常安静。今天看来，是我用语言来吸引住了每一位评委。”

这次的面试改变了杨澜的一生，当她再次回到那个房间的时候，中央电视台通知她，她被正式录取了。

语言的作用不仅仅是表达信息，还是表现一个人气质、精神状态和心理特征的重要途径。在一些不利的情况下，得体的表达往往能够让人转危为安，带来一些意外的收获和惊喜。

口才是生存的本领，影响着一个人生活的方方面面。人际关系的协调，需要靠说话来实现；一个人的优点和特长，需要用口才来展现。笨嘴拙舌的人会让人感觉生性木讷，和他交往没有共同语言；口无遮拦的人则会让人感觉肤浅草率，没有内涵。这些人或许在能力上有着别人达不到的地方，但是，往往会因为不善于得体表达而失去支持和信任，最终走向失败。因此，我们要想塑造个人影响力，除了要加强知识技能的提升之外，还要注意口才的培养，让内在的能力能真正地、恰当地通过外在的语言，得体地展现出来。

5. 提升礼仪修养，待人接物彬彬有礼

彬彬有礼原是指文质兼备的样子，后来延伸为在为人处世中讲究礼仪，待人真诚而有礼貌。在社会交往中，彬彬有礼逐渐成为一个人必备的道德素质。能否在他人心中获得好感，获得较好的影响，和一个人是否懂得礼貌待人有着很大关系。

中国自古以来就将“温良恭俭让”作为一个人为人处世的行为准则，十分注重交际场合中的礼节。其实，这些礼节就是指一个人在为人处世上要举止得体，具备良好的礼仪修养。良好的礼仪修养，不仅表现出对别人的尊重，同时还体现了一个人的自重和自信。一个温雅而有魅力的人，能够在短时间内获得别人内心的好感和认同。

和陌生人接触的时候，注重礼节能够很快地拉近彼此之间的距离。在竞争中遇到对手的时候，同样也要注重得体的言谈举止，不能因为别人和自己站在对立面上而失去应有的风度。毕竟，你的一言一行，都表现着你的个人修养。

绝大部分美国人都很欣赏沉着冷静、举止彬彬有礼的绅士风度。1992 年，民主党人克林顿与老布什竞选下一届总统。从外在条件上看，年仅 46 岁的高大英俊的克林顿当然比年迈体衰的老布什更有优势。不

过，老布什并不是不堪一击的，毕竟，他是现任总统，再加上他从政经验丰富，外交成就显著，克林顿远远不是他的对手。

为了能够赢取这次竞选的胜利，克林顿在三次辩论赛中表现得十分温雅，既不咄咄逼人地对老布什进行人身攻击，也不故意炫耀自己的年轻和才识，给电视机前的观众留下了从容大度、沉着稳重、温文尔雅的形象。在1992年10月15日第二次电视辩论中，辩论现场上只设有一个主持人，两个候选人都没有桌子，只有一张椅子可坐。不过克林顿却选择了站着讲话，他解释说，这样做的原因是为了表示对广大电视观众的尊重。在辩论中，他没有指责老布什的政策失误，只是讲了一下自己任阿肯色州州长12年间所取得的政绩。这种彬彬有礼的做法很快赢得了广大美国公民的好感。

在最后一次辩论赛中，克林顿已经明显处于优势，他没有对老布什穷追猛打，依然是在举手投足之间对这位对手充满了尊重。最后，他面对广大观众说："我既尊敬布什先生在白宫期间的为国操劳，又希望选民能鼓起勇气，敢于更新，接受更佳人选。"他的话刚讲完，很多坐在电视机前的人都主动站起来，为他鼓掌叫好。

对他人彬彬有礼，别人自然就会对这个人产生好感，发自内心地去支持他，拥护他。他人并非从中获益，而是从其温雅有礼的行为举止中看到了这个人的修养与品质。渴望拥有美好品质的人成为自己的领导者或伙伴，是每个人的天性。提升礼仪修养，不仅是一个人基本的内在需求，也是提升个人影响力的要素之一。给他人留下深刻又美好的印象，才能进而做到取信于他人。

第二章 大格局带来“马太效应”

日常生活和工作中，如果我们能够时刻保持强者的心态和行为，就能够得到别人的关注和崇拜，从而变得越来越强。假如我们自我贬低、自我封闭、自我放纵，连自己都不相信自己，那么他人更无从重视我们，我们也会变得越来越弱。

1. 追求成功是每个人与生俱来的权利

现如今，很多人依然抱着陈旧的哲学不放，他们把追求成功当成一件俗不可耐的事。这些人自视清高，把“金钱如粪土”“功名于我如浮云”当成人生格言，不愿意去追求这些东西。假如他们有自己喜欢的东西，比如对某一项学术研究感兴趣，不愿意分散精力去追求不感兴趣的东西，倒也无可厚非。然而，实际上呢？有些人并不是安贫乐道者，也不是“穷且益坚”之人，他们所说的一些高调话，只不过是在给自己的懒惰和自卑找借口罢了。

美国耶鲁大学建校300多年来，在各个领域都培养出了杰出的人才，包括从这所学校里先后走出了5名总统，他们分别是第27任总统威廉·霍华德·塔夫脱、第37任和第38任总统杰拉尔德·福特、第41任总统乔治·布什、第42任总统比尔·克林顿以及第43任总统小布什。耶鲁创造了惊人的奇迹：连续3届总统都出自耶鲁！另外，民主党副总统候选人利伯曼以及前任美国第一夫人、当选过美国国务卿的希拉里·克林顿等也都出自耶鲁。

在耶鲁大学的办学理念中，“培养未来的世界领导者”是最重要的一条。他们的教育思想是要把每一个学生都培养成为未来的领袖。在新生入学的时候，校长会和每一个学生谈话，进而判断这个学生骨子里是否具备耶鲁学子的气质。学校给每个学生相当多的机会去自主、全面地发展。在教学方面，充分相信学生，把一些教授的课安排给本科生来上，在教学方法上，采取讨论而非灌输的形式。耶鲁的正教授招聘条件中有这么一句话：此人能够在本领域与世界该方面的领袖进行竞争。

凡是耶鲁大学的学子都流露出充分的自信自强、挑战精神以及社会责任感，他们每一个人都觉得通过自己的努力，一定能够成为优秀的领导者。耶鲁的成功告诉我们：追求成功、财富和幸福，不仅是一个人与生俱来的权利，同时也是不能放弃的义务和责任。

敢于追求成功是成功的开始。如果一个人总是处在自卑和胆怯之中，那么无论做什么事情都会畏惧不前、患得患失、犹豫不决。成功者是绝不会让自卑的心理泛滥成灾的。他们懂得“天生我材必有用”的道理，能够正确地看待自己，懂得挖掘自身的才能，发挥自己的优势，也能够积极地面对外界的刺激。在强者心态的支配下，他们充满激情和力量，始终迈着坚实的脚步朝着梦想前进。在前进的道路上，他们能够积极地克服困难，改变不利的环境。经过不断的努力，最终收获成功。

2. 有做大的决心，才有远大的前程

决定一个人成功的因素有很多，最关键的一点则是思想境界的高低。许多成功者都有一个“做大”的决心，从来不会把自己局限在一个小圈子里。他们不以起点低为借口，能够从长远的角度去考虑问题，时刻激励自己前进，最终做到了由小到大，由弱变强，成就了一番轰轰烈烈的事业。

相反，如果一个人把自己封闭在习惯的空间和环境中，就会变得安于现状、不思进取。哪怕机会摆在面前，他们也会犹豫不决，徘徊不前。他们总是觉得，自己的能量有限，能够取得目前的收获已经不错，根本不可能再开创出大的事业。在这种心态的支配下，他们丧失了很多优质的机会，视野和格局也逐渐狭隘。

吉姆是一个出生在芝加哥的美国男孩，他非常聪明，是那种不甘平庸、有着自己想法的人。吉姆的梦想是开一家属于自己的餐厅，他计划

从服务生做起，用一年的时间了解餐饮服务的各项流程，再转换其他相关的工作，用上三到五年的时间掌握餐厅老板所具备的知识和能力，并且积累创业的资金。

在工作中，吉姆任劳任怨，诚恳踏实，深得老板的欢心。一年之后，他向老板提出辞职，老板感到不舍，热情地挽留他。这时候他犹豫了，就给自己找理由说，再干一年吧，还有很多东西没有学会呢。于是他答应了老板。第二年很快就过去了，吉姆察言观色的服务能力已经达到了炉火纯青的地步，他的每个动作都带着标准的服务生形象。这时候，吉姆觉得目前的工作挺好的，不仅收入有保障，每天还能从客人那里领取一些小费。如果选择开店的话，可能给自己带来更多的金钱，但是也会给自己带来不少风险，再者，自己也未必适合当老板。正在这时候，老板提升他为前台的领班，他不假思索就爽快地答应了。就这样，吉姆的开店梦想随着升职的到来而消失殆尽。

生活中有许多人和吉姆一样，尽管有着聪明的大脑和超常的工作能力，但是却在日复一日的工作中渐渐失去了最初的梦想。原本他们可以飞得更高，却最终将自己定格在尚可的层面，变得胆怯、得过且过。“就这样吧”“我不敢改变”是很多人职业生涯的困局，停留在舒适区固然免去了奔波与面临困境的疲累，但也同时失去了拓宽职业生涯的机会。心怀大格局的人，从来不会固守舒适区，他们敢于突破障碍，走出心里的禁锢地带。

当初，周起鸿经营的“鸿福南货店”发展迅速，每天都收入不菲。不过周起鸿并不感到满足，他想把货店卖掉，去寻找一个新的发展平台。

正在这个时候，有个名叫罗信的英国商人来到香港，在大坑渣甸山建立了一家购物中心。他听说周起鸿具有非凡的经营才能，就主动打电话邀请他到这个购物中心来发展。周起鸿非常爽快地答应了，不久就在渣甸山开了一家南货店。由于渣甸山是一个全新的环境，周起鸿过去的那一套“生意经”吃不开了，短短几个月之后，周起鸿就赔了个一塌糊涂。

周起鸿并没有气馁，而是向罗信请教失败的原因。罗信对他说：“你失败是因为你在套用以前的经验和方法，而那些经验和方法对于渣甸山来说，却并不适合。只有转变一下思路，你才能把生意做好。”周起鸿听了这番话，茅塞顿开。接下来，他就对渣甸山的商情进行了一番深入细致的调查，最后分析出这一带不适合开小店，只有大商场才能赚钱。于是，他四处筹资，准备承包大商场。在罗信的支持下，周起鸿包下了云景道商场，没有多久生意就做得十分红火。

云景道商场走向正轨之后，周起鸿又在考虑做更大的事情。在空闲的时候，他就到附近的街市上观察各家商店的经营状况。接下来，周起鸿就作出了一个惊人的决定——承包整条街市！他的这一决定又得到了罗信的大力支持，在罗信的帮助下，周起鸿承包下了置富花园街市。

一段时间之后，置富花园街市在周起鸿的经营下奇迹般的变了模样。白天，楼馆艳丽，极具特色，人流如织，如诗如歌；夜晚，彩灯四射，火树银花，如梦如幻。整个城市都知道了这条街的名字。最终，置富花园街市也成为了香港最有名的街市。

随后，周起鸿又一鼓作气地承包下了马鞍山恒耀街市、青衣长发村丰佳街市、沙田马鞍台街市，成为了香港赫赫有名的“街市大亨”。

有的人安于现状，没有做大做强的信心和野心，而有的人则有着长远的目光，相信自己的能力，不断地激活潜在的能量，最终造成了成功者和失败者之间的差异。我们想获得更大的成功，就应该心怀大格局，相信自己的能力，保持做大做强的信心和决心。假如在思想上停顿不前，畏首畏尾，那么胜利和成功就永远不会属于你。

3. 先有独立之精神，后谈人生之事业

蔡元培说，一个人要有“自由之思想、独立之精神”。我们要想在世界上有立足之地，就应该学会独立，保持独立。无论在什么时候，都应该挺起自己的胸膛，用自己的肩膀担当起自己的责任。只有拥有了独立的精神，才有资格谈开创事业、培养人生大格局等话题；失去独立性，即使你拥有雄厚的实力，也无法给他人带来安全感和信任感。

赵杰是一名下岗职工。不过，相对于那些有着同样遭遇的人来说，他算是比较幸运的。他原来的单位倒闭了，同事都走上街头四处寻找出路，他却因为性格沉稳、技术过硬被一家私营企业聘任为技术总监。公

司给了他非常丰厚的待遇，他对此感到非常满意，也下决心要报答公司的知遇之恩。

但是，在他刚刚担任技术总监没多久，数不清的烦恼就滚滚而来了。以前他只是一名普通的技术工人，一切工作都习惯了听从领导的安排；但是现在，他成为了领导，一些技术方面的问题都需要他来拿主意。由于他多年来养成了一直听别人安排的习惯，如今对自己作决策感到十分不适应。因此，他在作决定的时候，总会感到紧张不安，犹豫不决。尽管这些问题对他来说并不困难，但是他却总是处理不好。员工们看到他这个样子，自然而然对他失去了信任，公司的工作效率也一直提升不上去。

赵杰感到非常苦恼，他说："多年来，我习惯于领会领导的意图，全身心地落实领导的命令。但是，现在轮到自己拿主意的时候，却发现自己缺乏应有的想象力和判断力，根本不能独立处理问题。我现在感到很痛苦，如果工作干不好，就会非常对不起公司领导，但是想干好吧，却不知道从哪里入手……"

赵杰面临的困境也是很多从员工走向管理者岗位的人会遇到的。在工作中，我们需要听命于上级，但这并不意味着你可以完全放弃自己的思考。思想上的懒惰会使你渐渐失去独立性，无法自主作出选择，每个人都要对此警戒。不甘心于平平庸庸、碌碌无为地生活，不愿意让自己成为不被信任的一员，就应该努力去抑制个人的依赖心理，尽最大努力培养独立自主的精神。

小仲马是法国著名的小说家。他在年轻的时候就非常喜欢创作，经常向一些刊物上投稿。但是，他的稿子却常常被编辑退回来。他的父亲大仲马看到之后，深怕儿子承受不了打击，就对他说："如果你在投稿的时候告诉他们你是我的儿子的话，或许他们就能很快地把你的文章发表出来了。"小仲马却拒绝了父亲的好意，他说："不，我不想坐在你的肩头上摘苹果，那样摘来的苹果是没有滋味的。"

小仲马不愿意把父亲的名字当成自己前进的阶梯。后来，为了防止大仲马向编辑求情，也为了避免那些编辑会将自己和父亲的名字联系起来，小仲马干脆取了十几个与自己家庭姓氏不相干的笔名。

被退回的稿子一张张地摆在了小仲马的书桌前，大仲马看到之后又想劝说儿子借用一下他的名声。不过，小仲马仍然是拒绝了，他没有表现出任何的沮丧，而是相信自己不需要通过别人的帮助一样能够取得成功。

功夫不负有心人。后来，他的长篇小说《茶花女》终于以其绝妙的构思和精彩的文笔震撼了一位著名的编辑。那位编辑看到这篇小说投稿人的地址竟然是著名作家大仲马的家，就怀疑这是大仲马另外起的一个笔名。于是，他就来到了大仲马的家里，去拜访他。

没有想到的是，这部伟大的作品和大仲马一点关系都没有，如果非要找出一点联系的话，那就是小仲马和大仲马同住在一个屋檐之下。了解了这一事实真相之后，那位编辑就非常不解地问小仲马："如果你能在稿子上署上你的真实姓名的话，恐怕我们早就采纳你的稿子了，为什么你却要用笔名呢？"小仲马回答说："我只是想拥有自己真实的高度。"

要想得到别人的信任，就应该让自己拥有让人值得信赖的资本。如果没有这种资本的话，就应该努力地培养。比如，在日常事务的处理中，独立地安排自己的生活；在遇到一些困难的时候，勇于尝试，想办法自己解决；在公司做决策的时候，想一想如果你是主管人员会制订出什么样的计划来；忙碌完一段时间之后，静下心来认真地审视一下自己，看看有哪些地方做得不够等。经过一段时间的积累之后，你就会发现，自己和以前相比真的大不一样了。

4. 相信自己的能力，激活潜在的能量

很多人会有这样的感觉：自己脑子比较笨，要么在考虑事情的时候不周全，要么就是在生活中对一些事情反应太慢，有时候还会觉得自己的能力和别人差了一大截。真的是我们比别人智力和能力更差吗？

实际上，大部分人的智商水平都相差无几。很多时候，并不是我们的能力出现了问题，而是思想认识上出现了错误。或是过于片面地评价自己，或是错误估量自身的潜能，这些往往都会限制自身的智力、能力发展。想要获得提升，首先要相信自己。相信自己的能力，主动地付出行动，就一定能够激活潜在的能量，获得意想不到的成功。

一名学生跟随一位颇有名气的音乐大师学习音乐。第一天上课的时候，大师给了他一份乐谱，对他说："试试看吧！"对于刚刚入门的学生来说，这份乐谱的难度比较高。他在弹奏的过程中，错误百出，声色僵硬。大师并没有指责他，而是说："还不成熟，回去再好好练习一下！"

学生苦练了一周，还是没有练好。没想到，第二周他来上课的时候，大师又给了他一份难度更高的乐谱，学生只好硬着头皮再度挑战。第三周，大师又给了他一份更难的乐谱。同样的情形持续了几个月，学生每次上课都会被一份新的乐谱难住，然后把它带回去苦练，接着再回到课堂上重新面对相当于之前两倍难度的乐谱。如此往复，学生感到越来越不安、沮丧和气馁。最后，他终于鼓足勇气向大师提出告辞："经过这几个月的练习，我发现自己根本不具备音乐天赋。"大师没开口，却抽出最早的那份乐谱，交给了学生，对他说："你再弹这个试试。"

没想到，这次学生竟然弹得非常成功，就连他自己都感到不可思议，他竟然能够将这首曲子弹奏得如此美妙！接着，大师又让他弹奏了第二堂课的乐谱，学生依然呈现出超高水准的表现……演奏结束后，学生怔怔地望着老师，说不出话来。

"假如，我只是让你弹奏那些你擅长的东西，你可能现在还在练习第一份乐谱，你的水平也不可能是现在这个样子……"钢琴大师意味深长地说。

一个人的潜能是巨大的，关键在于你是否愿意激发它。据相关研究表明，在这个世界上，即使是记忆力最好的人，他的大脑使用率也没有

达到其功能的1%，人类所有的智慧至今仍处于“低度开发”状态。每个人的大脑都有无尽的宝藏，因此，我们一定要相信自己的能力，有效地发掘身上蕴藏的潜能。

米歇尔是一名美国飞行员。在他46岁那年，一次意外事故把他身上2/3的皮肤烧坏了。在做了16次手术之后，他才保住了性命。虽然性命得以保全，但他的生活陷入了前所未有的困境之中，米歇尔无法拿起刀叉用餐，无法拨打电话，甚至连一个人上厕所都非常困难。面对这一切，米歇尔没有任何悲观情绪，他说:“我完全可以掌控我的人生之船，那是我的浮沉，我可以选择把目前的状况看成是一个起点。”经过不懈的练习，6个月之后，米歇尔恢复良好，甚至可以重新驾驶飞机。

米歇尔在科罗拉多州买了一套房子、一架飞机和一家酒吧，后来还和两个朋友合资开了一家公司，专门生产以木材为燃料的炉子，在他的精心经营下，这家公司成为了佛蒙特州的第二大私人公司。

命运似乎永远喜欢和米歇尔开玩笑，4年之后，50岁的他又一次在飞行中失事——米歇尔腰部以下永远瘫痪！手术之后，他的脸因为植皮而变成一块“色彩板”，手指已经没有了，只能瘫在轮椅上。

面对再一次的厄运，米歇尔依然没有退缩，和病魔进行着不屈不挠的斗争，通过不断的努力，他把病躯发挥到最高限度的自主，并被推选为科罗拉多州孤峰顶镇的镇长。

尽管已经变得面貌骇人、行动不便，但米歇尔的生活激情并未受到影响，他开始泛舟，坠入爱河且完成终身大事，还拿到了公共行政硕士学位，并继续他的飞行活动、环保运动及公共演说。

米歇尔说："我瘫痪之前可以做 1 万件事，现在我只能做 9000 件，我可以把注意力放在我无法再做的 1000 件事上，或是把目光放在我还能做的 9000 件事上。告诉大家，只要你相信自己能行，你就能够在行动中激活所有的能量，再大的困难也难不倒你。"

每一个人都是一座宝藏，只不过绝大部分人在最初就已经放弃了发掘。一位名人曾说过："杰出的人不是那些天赋很高的人，而是那些把自己的才能在尽可能的范围内发挥到最高限度的人。"在生活和工作中，如果我们不敢突破自我、超越自我的话，就不会有相应的主动行动，那么，也就不可能取得任何的进步和胜利。

假如你不满足于现状，那么请用积极主动的行动加以改变，挑战自己，让自己去做一些有难度的事情，你的能力会不断获得提升。当你能够积极去做，你就会发现，其实，很多东西并没有想象中的那么难。

5. 面对现实，磨砺自己的承受力

每个人都渴望早日成功，但是现实却不是我们想象中的那么简单。任何一种成功都不是朝夕之间就能获得的，它需要一个漫长而又艰苦的过程。任何一个辉煌的成就之下，都蕴藏着大量的汗水和长时间的忍耐。

俗话说“心急吃不了热豆腐”，假如我们缺少恒心，对任何事情都显得急不可耐的话，那么，即使是一些最简单的事情，也无法圆满完成。

孔子说“小不忍则乱大谋”，面对一些挫折和坎坷，如果不能选择忍耐，最终将会影响到人生的格局。面对不如意，忍耐是理智的选择和成熟的表现，也是一个成功者必备的素质。懂得忍耐的人，有大胸襟和大气魄，他们不会因为一些小事而乱了方寸。

不懂得忍耐，无法承受眼下的痛苦，那么就会出现“为山九仞，功亏一篑”的憾事。哪怕我们和成功的距离仅有一步之遥，如果不懂得忍耐而显得过于急躁的话，就会轻易放弃努力，本来伸手可得的成功也会离我们越来越遥远。

在纽约州的一个小镇上，有一个小女孩，她在很小的时候就有一个愿望——长大以后做一名出色的演员。亲人和朋友们都对她的愿望嗤之以鼻，认为这只是一个孩子不切实际的幻想罢了。

然而，这位小女孩并没有放弃自己的梦想，而是在别人的嘲笑声中默默地努力着。18岁那年，她考入纽约市一所艺术学校。在学校里，她刻苦学习，坚持为自己的梦想而奋斗。但是，即便如此，也无法缩小她和那些天资聪明的优秀学生之间的差距。

后来，学校给女孩的母亲写了一封信：“学校为曾经培养出许多一流的男女演员而骄傲，可是，我们从未接受过像您女儿一样缺乏艺术天赋和才能的学生，她不能再在本校学习了！”

就这样，女孩被开除了。

但是，她不甘心放弃自己的梦想，选择了继续留在纽约。为了生计，她做过很多苦活儿累活儿，当种种困难降临的时候，她都咬紧牙根忍受着。在工作之余，她还申请参加剧院的彩排，并且不要一分钱的报酬。但是，临近演出，剧院的老板却对她说："你没有艺术细胞，缺乏表演才能，我们不能聘用你。"

两年之后，她患上了肺炎。当她住进一家医疗条件很差的慈善医院的时候，医生告诉她，肺炎使她腿上的肌肉萎缩，她可能再也不能走路了。她只得回到了少年时代生活过的小镇，忍受着病魔带来的巨大痛苦。然而，这巨大的打击并没有使她退缩，她坚信自己有一天一定可以重新走路。于是，在一位医生的帮助下，她开始了恢复腿部力量的训练。开始，她在腿上加重 20 磅，双腿绑上夹板，然后试着用拐杖支撑行走。在训练的时候，她经常摔倒，两条手臂被摔得血肉模糊。然而，她却不曾留下一滴眼泪，只是强忍着剧痛，微笑着再次站起来。两年不间断的练习终于有了成效，她终于能够走路了。尽管看起来仍然有些跛，但是却显得更加坚定和顽强。

23 岁那年，她重新回到纽约，寻找自己的梦想。这次的寻梦之旅比上一次更加漫长，长达 17 年之久。在这 17 年里，她经历了许多常人无法接受的坎坷和挫折，但是她都咬紧牙根挺了过来。终于，在 40 岁那年，她得到了一部影片的配角参演资格。在这部影片里，她朴实的表演打动了亿万观众的心。她在不惑之年迎来了成功，成为美国乃至世界演艺界著名的人物，她的名字是露茜。

忍耐是取得成功的必要途径。无论现实是什么样的，都不能让我们的内心受到影响。我们应该明白，任何磨难只不过是走向辉煌过程中的点缀罢了，如果我们在磨难面前感到心灰意冷，放弃目标，那么，梦想最终也只能成为梦想。假如能够用积极的健康的心态来对待它的话，我们就不会轻易放弃，反而还会激发起更加强烈的成功欲望。

法国哲学家蒙田曾说："假如结果是快乐的话，我会百般忍耐暂时的痛苦。"现实的痛苦是短暂的，只要我们能咬紧牙根，忍耐住这些痛苦和磨难，就一定能够得到成功。许多人尽管知道这一浅显的道理，却经常在行动上给自己找借口，选择退缩和逃避，最终造成了一事无成的结局。

有句话是"能忍一世苦，换来一世甜；难忍一时苦，终生苦中苦"，我们要想改变现实，就应该选择面对现实，在现实面前磨砺自己的承受能力。忍耐得住，才能摆脱眼下的不如意，改变自己的人生。

第三章 大格局激发行动力

任何一种理论如果不付诸实践就会变得毫无意义，任何人生目标如果失去了实践也不过是白日梦。想要改变命运，做大人生格局，除了具备必备的心理素质、理论知识外，还要积极地付出行动。只有付出了行动，才有可能让自己变得更加强大，取得的成就更加辉煌。在付出行动之后，你能够除去一些幼稚的想法，让自己变得更加成熟和坚韧。

1. 行动才能带来改变

拿破仑有一句名言："我总是先投入战斗，再制订作战计划。"这句话的意思并不是说计划没有任何意义，而是在告诉人们，行动永远要比计划重要。假如我们想要对现状有所改变，就要付出行动。很多情况下，行动能将不可能转化为可能，创造出令人难以想象的奇迹。

从前，有两个和尚，一个很贫穷，一个很富有。穷和尚瘦骨嶙峋，连一件像样的衣服都没有；富和尚脑满肠肥，大腹便便，有很多家产。

有一天，穷和尚找到富和尚，对他说:“我打算过几天到南海去一趟，你觉得怎么样啊?”

富和尚感到不可思议，不由自主地打量了一下穷和尚，用十分傲慢的语气对他说:“南海是一个好地方，我很早就想去那里了，只不过到现在为止，我还没有足够的条件。你吃了上顿没下顿，想去南海岂不是异想天开吗?我问你，你想凭借什么东西去南海呀?”

穷和尚说:“一个水瓶、一个饭钵就足够了。”

富和尚听了，笑得更欢了，指着穷和尚说:“你以为南海就在山脚下啊，只需要一顿饭的工夫就走到了?去南海来回有好几千里路，起码需要两年的时间!再者，路上会遇到很多的艰难险阻，如果没有充足的准备，说不定你就会客死他乡。你想去南海的话，还是等一段时间和我一起去吧。等我准备充足了粮食、医药、用具，再买上一条大船，找几个水手和保镖，就带着你一起去南海。你想凭着一个水瓶和一个饭钵去南海，简直就是白日做梦，我劝你还是算了吧。”

穷和尚听了富和尚的嘲笑，没有和他争辩，第二天就带着他的水瓶和饭钵踏上了去南海的路。一路上，他将这两件东西当成最重要的用品，遇到有水的地方就盛上一瓶水，遇到有人家的地方就去化斋。尽管路上遇到了很多艰难困苦，但是他始终没有放弃，一直朝着南海前进。一年之后，他终于到达了目的地。

两年后，穷和尚带着一个水瓶、一个饭钵从南海归来，不过，此时的他，已经不再是当初那个没有见过任何世面的穷和尚，而是一位阅历丰富、知识渊博的禅师了。

两个和尚之中，富和尚最有条件去南海，但是他觉得自己的资源有限，条件不足，准备不充分，就一直没有采取行动。穷和尚虽然一无所有，但是，他却能够及时地采取行动，最终到达了南海，实现了当初的愿望。

有些人对未来有着种种美好的渴望和憧憬，但是却因为心理的原因，不敢迈出脚步，最终，他也只能停留在原地，生活没有丝毫的改变；而有些人尽管能力不足，物质条件有限，却能够以无所畏惧的精神主动去做，最终创造了令人不敢想象的奇迹，让自己的生活有了一个质的飞跃。这就是行动与否的差别。

世界上最悲哀的事情就是一个人只想不敢做，或是只想不愿意去做。有句话叫作“一个画面胜过千言万语”，我们也可以这样说，一个行动能够创造出一个奇迹。只有付出足够的行动，我们才能改变人生。

2. 决不敷衍，敬业精神决定职业高度

工作是一个人赖以生存和发展的基础，无论我们从事什么样的工作，都要有敬业的精神。干一行爱一行，这是敬业的前提；勤勉的工作态度，是敬业的基础；精益求精，是一个敬业者应有的品质。只有爱岗敬业的人才会在自己的工作岗位上勤勤恳恳，不断地钻研学习，精益求

精。也只有敬业的人，才能够得到别人无法得到的收获。所以，无论是从道德观念出发还是从个人的长久发展来考虑，敬业精神都是必备的职业素养。

约翰是一家钢铁公司的炼铁工人。一次，他发现很多炼铁的矿石并没有得到充分的冶炼，有些矿石还能炼出高质量的生铁，却被当成垃圾处理了，长期下去必将给公司带来很大的损失。于是，他找到了车间主任，向他反映了情况。车间主任却说："这些问题不是你我应该关心的，我们还是不要多管闲事了吧。"约翰不甘心，又找到负责技术的工程师。工程师却认为他是在怀疑自己的技术，是为了表现自己才这样做的，便断然拒绝了他的建议。

约翰没有灰心，他拿着一块没有冶炼好的矿石找到了负责技术的总工程师，把矿石递给总工程师说："先生，我认为这是一块没有冶炼好的矿石，您认为呢？"

总工程师认真地看了一下，说："没错，小伙子你说得很对。不过，这块矿石和我们有什么关系吗？它是哪里来的？"

约翰说："是我们公司的。"

总工程师很诧异："不可能吧，我们公司的技术是一流的，怎么可能会有这样的问题？"

约翰说："我也不愿意让这样的矿石出现在我们公司里，但事实确实如此。"

总工程师愤怒了："既然出了问题，为什么长期以来竟没有一个人向我反映？”

总工程师带着约翰来到车间，果然发现了一些冶炼并不充分的矿石。经过检查发现，原来是监测机器的某个零件出现了问题，才导致了矿石的严重浪费。

后来，公司总经理知道了这件事，大大地奖励了约翰，并提升他为负责技术监督的工程师。总经理拍着约翰的肩膀说：“我们公司的工程师有很多，但真正负责任的却很少。这么多工程师就没有一个人发现问题，有人提出了问题，他们还不以为然。公司需要的，正是像你这样有责任心和忠于公司的人才。”

任何一位领导者都喜欢充满热情、尽职尽责、全心全意的员工。当员工把工作当成自己的事情之后，就会全身心地投入工作中，进而获得物质和精神上的回报，也能让自己的能力再进一步，最终实现自己的人生目标。

每一个成功者，在工作的时候从来都不会有敷衍的态度。在他们的心里，没有雇主与雇工之分，也没有八小时之内和八小时之外的区别，无论任何时候，他们都能以主人翁的精神来面对工作。最终，他们也因为敬业的精神而得到了巨大的收获。

阿基勃特是美国标准石油公司的一名业务员。在标准石油公司里，有成千上万的业务员，他只不过是其中很普通的一员。不过，他对工作非常尽职，除了上班时间，他还利用各种时机和场合，对公司的石油进行宣传。该石油公司的口号是“每桶4美元的标准石油”，阿基勃特不仅在心里记住了这句话，还经常表现在行动上——他每到一个地方，凡是要求他签名的时候，都会在名字的下面写下“每桶4美元的标准石油”的字样，哪怕是在和工作无关的私人信件或者收据上，他也不会忘记。

阿基勃特的做法遭到了不少同事的嘲笑和挖苦。有一位同事对他说：“你只是一个小小的职员，只要完成你的工作就可以了，没有理由花大量的心思和时间去宣传公司的产品。何况公司自有它的宣传策略，根本就用不着你在这里多此一举。你这样做，没有任何意义。”

阿基勃特却认为，自己不仅是标准石油公司的业务员，更是这个公司的一分子。他有责任为公司的产品去做宣传工作。因为他的这个习惯，不少人戏谑地称他为“每桶4美元先生”，没多久，公司的大部分员工都知道了他的名字。

后来，公司的董事长洛克菲勒听到了这件事，他感到非常震惊和感激：“没想到我的公司里还有如此优秀的员工，如果不重用他，就是我的失误了。”于是，他马上请阿基勃特共进晚餐。他问阿基勃特为什么这样做，阿基勃特说：“我每写一次，就可能多一个人知道标准石油，也就可能为公司带来一份利润。”

后来，洛克菲勒卸任，阿基勃特成为了第二任董事长。

当今时代是一个注重敬业精神的时代，无论做什么工作都要有绝不敷衍的态度。一个不敬业的人，永远不可能获得成功。只有对待工作认真负责的人，才能够给自己带来可观的收益和更大的发展。培养敬业精神，首先从端正态度开始，把工作当成自己的事业，不要因为是在为别人打工而采取应付和敷衍的态度。要知道，良好的职业素养才是你职业发展强大的助力。

3. 修剪枝叶，快速去除身上的恶习

行为科学研究表明：一个人一天的行为中大约只有5%是属于非习惯性的，而剩下的95%的行为都是习惯性的。经过我们的反复行为，习惯会不知不觉变成我们本能的一部分。同时也有研究发现，一个人工作、学习的好坏，20%与智力因素相关，80%与非智力因素相关，而在信心、意志、习惯、兴趣、性格等非智力因素中，习惯又占据着重要的位置。

俄国教育家乌申斯基说："良好的习惯乃是人在神经系统中存放的道德资本，这个资本不断地增值，而人在其整个一生中就享受着它的利息。"习惯是一种能左右我们的神奇力量，它决定着我们的成败。有些人在生活中存在着好吃懒做、酗酒成瘾、好赌成癖、出言不逊、拖延散漫等恶习，这些习惯往往会造成性格的扭曲，不仅对自己的成功和发展起到严重的阻碍作用，还会给社会带来负面的影响。

很多人对身上存在的恶习认识不足，认为这不过是一些无关紧要的小节罢了，并对其采取放任自流的态度。这其实是对自己的不负责任，

等到小毛病演变到不可收拾的地步，恐怕只能后悔莫及了。所以，对于坏习惯，防微杜渐要好过亡羊补牢，平时及时反思不足，及时去除，才能让自己保持积极进取的状态。

袁了凡是明代著名的学者。一次，他到栖霞山拜会云谷禅师，聆听禅师的教诲，在谈到习惯的时候，云谷禅师说："要想改掉不良习惯，就要从内心做起。当然，在下决心之前，必须了解自己的不良习惯到底是什么。"

袁了凡略加思索，说道："我这个人，缺少忍耐心和责任心；我性情暴躁，面对别人的伤害和错误，很难包容；有时候我还显得自高自大，又很任性，喜欢高谈阔论，对待很多事情，总是想做就做，想不做就不做；另外，我不懂得克制自己的欲望，经常通宵达旦地喝酒，最终伤了元气……"

他讲出了自己的一大堆缺点，最后长叹一声说："有这么多不良习惯的人，想把这些坏习惯改掉，谈何容易呢？"

云谷禅师笑了笑，说："所谓'难者不知，知者不难'，既然你知道自己的缺点不足，那改起来就不是什么难题了。你不妨把自己每天做的好事和坏事一一记录下来，时间长了，就能慢慢地改掉这些坏习惯了。"

下山后，袁了凡按照云谷禅师的教诲，痛下决心，竭力戒掉种种不良习惯，最后终于成为了一代学者。他写出了多种著作，其中《了凡四训》对后世影响颇为深刻。

认识到身上存在的坏习惯；用行动来铲除这些坏习惯；在铲除坏习

惯的过程中同步培养好的习惯，这是改掉坏习惯的三个基本步骤。在这三步之中，第二步是最重要的，也是最难的。为此，我们不妨从以下几个方面入手。

（1）培养主动改变的意志

坏习惯在身体和精神上能带来一些享受或者是愉快，随着时间的推移，这种享受和愉快已经渐渐地成为了我们思想认识中的一部分。在大多数情况下，尽管理性告诉我们坏习惯可能会毁掉一个人的一生，但是在感性认识上我们却有些不情愿改正。因此，如果我们想要改变那些坏习惯的话，就不能被动地采取行动，而是要主动督促自己，只有这样，改变的这一过程才不会过于痛苦。

（2）找一个合适的环境

环境能够对人产生重要的影响，我们要想改变坏的习惯，就不能忽视环境的作用。如果一个人脾气暴躁，喜欢冲动的话，就应该多去一些安静的环境，一段时间之后，好冲动的性格就能得到极大的改变。再比如，假如一个人喜欢抽烟，如果让他生活在由"瘾君子"组成的生活圈子里，那么，即使他有再大的毅力，恐怕也将无济于事。

（3）寻找替代品

改掉坏习惯相对于培养好习惯来说，难度要大一些。既然如此，我们不妨将改掉坏习惯的过程转化为培养一个新习惯的过程。在这个过程中，可以用寻找替代品的形式来淡化坏习惯的作用。比如，喜欢抽烟的人可以在烟瘾发作的时候去翻翻书，或者是泡一杯热茶，习惯拖延的人可以培养一下对早起锻炼身体的兴趣等。

（4）化整为零

有人说："改变一个坏习惯比发动一场革命还要难。"既然如此，我们就不妨把改掉坏习惯当成一个整体目标，再把这个整体目标划分为几个小目标，采用化整为零的形式来逐渐改变它。每天进步一点点，日积月累之后，你就能轻松改掉那些让自己痛苦不堪的坏习惯了。

4. 主动找一个强大的对手比拼

现代社会流行着这样一句话："成功靠朋友，持续成功靠对手。"成功，自然需要朋友的帮助，但是更需要通过和对手的竞争来实现。对于我们来说，对手就是陪练，陪练的水平越高，我们的技术水平提升得越快；陪练的水平越低，技术水平的提升就越缓慢；如果陪练对于自己没有任何竞争力的话，技术水平还会出现停滞不前甚至是逐渐退步的局面。

有了对手，就会有危机感，但同时也产生竞争力。强大的对手能激发起"狭路相逢勇者胜"的勇气，充分地调动你的激情，激发起更加旺盛的斗志，进而让自己变得更加强大。

日本的北海道有一种鳗鱼，这种鱼味道鲜美，受到了很多人的喜爱，因此，海边的渔民都以捕捞鳗鱼来维持生活。不过，鳗鱼只适合生活在海里，如果离开海水的话，用不了半天就会全部死亡。死亡后的鳗鱼虽然味道还可以，价值却大大降低。因此，许多渔民在捕捞到鳗鱼之后，总是赶在最短的时间里将其卖出，争取将损失降到最低。

但是，在一个渔村里，有一位老渔民的鳗鱼却总是活蹦乱跳的，无论放多长时间都不会死。短短几年之后，老渔民一家便成了远近闻名的富翁。他的邻居们在羡慕的同时也百思不得其解：为什么同样的鱼结局却不一样呢？

老渔民在去世之前把秘诀告诉了儿子。原来，使鳗鱼不死的秘诀就是在整仓的鳗鱼中放进几条狗鱼。鳗鱼与狗鱼是出了名的“死对头”，船舱里的鳗鱼遇到了几个死对头之后，就群起而攻之，一下子就把整个船舱死气沉沉的气氛给激活了。因为有了狗鱼这样的对手，鳗鱼的生命力才得以持久保持。

动物没有对手，容易导致物种的退化；人没有对手，就会因为失去竞争而失去危机感和紧迫感，因此变得平庸；团体如果没有了对手的话，内部成员就会失去共同的目标，由团结互助变得彼此依赖、相互推诿，从而丧失生机和活力。众多知名企业深知此理，寻找了强大的对手作为竞争对象才使自己逐渐变得强大的。比如，当我们提到可口可乐的时候就会想到百事可乐，提到宝马的时候就会想到奔驰，提到麦当劳就会想起肯德基等。

对手对于我们来说，虽然有一定的威胁性，但是，他的存在却能够让我们及时地改掉自己的缺点，不断完善自我。我们要想在这个充满竞争的时代里胜出，就应该主动给自己寻找一个强大的对手。当强大的对手出现在眼前的时候，你才会感受到巨大的压力，从得过且过、自我满足的状态中脱离。

5. 内心强大的人不怕被拒绝

在生活中，我们经常遇到一些被冷落、被拒绝的情况。有些人在遭到拒绝之后会感到悲观和沮丧，进而产生失败的情绪，选择行动上的退缩。长此以往，他们的心理会越来越脆弱，越来越难以承受打击，如此又何谈事业成功呢？

尽管每个人都不愿意受到别人的拒绝，但是被拒绝却是一个普遍存在的客观事实。既然无法回避，我们就应该用正确的心态来面对它，用积极的行动来克服它。只有不怕被拒绝，才能够逐渐修炼出强大的内心和自信。事实上，没有人不会因为被拒绝而沮丧，重要的是被拒绝后仍然敢于勇往直前，这种精神才是促成问题解决和事业成功的关键。

赵普是中国历史上著名的政治家，在宋太祖和宋太宗时期担任宰相之职。他在做宰相期间，经常向皇帝推荐有才能的人。

一次，赵普向宋太祖推荐一名颇有贤能的官员，但是太祖没有采纳他的建议。赵普没有知难而退，第二天上朝的时候又将举荐的奏折递了上去，宋太祖依然没有答应。

赵普仍然没有放弃，在第三天的时候又把举荐奏折递了上去。太祖看到他连续三天都上同样的折子，十分愤怒，怒气冲冲地把奏折撕了个粉碎，怒道："你只是宰相，用谁不用谁不是你说了算的，这大宋的江山还轮不到你做主！"满朝文武听了，都为赵普捏了一把汗。赵普却没有丝毫慌乱，也不辩解，他默默无言地把那些撕碎的纸片一一捡起来，拿回家里仔细粘好。到了第四天上朝的时候，他又将粘好的奏折恭恭敬敬地递到御前，静静地等待太祖的批复。

太祖知道拗不过他，只好长叹一声，准了他的折子。

事后，太祖就问赵普："如果我当时还是不批准你的折子，你会怎么办呢？"

赵普回答说："如果您不批准的话，我还是会继续递上奏折。"

太祖笑问："难道你就不怕我杀了你吗？"

赵普说："陛下一再强调任人唯贤，臣是按您的旨意办事，自然内心无愧。何况，陛下是尧舜之君，并非残暴好杀之人，故而臣也没有任何害怕的地方。"

太祖听了，不由得大笑起来。

在接二连三的拒绝面前，坚持自己认为对的，既需要勇气又需要智慧。无论是在求职还是在生活的其他方面，我们难免会遇到接连被拒绝的情况，要么选择放弃，要么选择迎难而上。选择放弃只能让自己回到生活的原点，迎难而上却能给自己带来全新的机会。

一个年轻人去微软上海分公司应聘，结果却并不理想。微软公司的应聘条件是本科以上学历，精通软件编程。而这个年轻人只有中专文凭，对软件编程的了解也只是皮毛。当总经理询问他一些专业知识的时候，他要么是哑口无言，要么就是答非所问，让人感到失望。最后，经理拒绝了他，对他说："要知道微软公司人才济济，从高级管理到专业技术人员，都堪称业界精英，微软的大门不是能够轻易被叩开的。"年轻人听了并没有转身离开，而是对经理说："对不起，这次是因为我事先没有准备好，您能不能再给我一次机会？"总经理笑了笑，随口说道："好吧，给你两个星期作准备，等你准备好了再来面试。"

年轻人从微软公司出来，就跑到图书馆里借来大量的计算机编程的书籍，在家里闭门苦读了整整两个星期。之后，他再次敲响了总经理办公室的房门。

总经理对他的到来感到非常惊讶，只好兑现了当初的承诺。这次面试，有了充分准备的年轻人已经能够基本应对总经理提出的问题，然而，由于他的编程知识与软件工程师所需要的水平仍然有着很大差距，面试还是没有通过。不过，总经理对这个刻苦努力的小伙子十分欣赏，就问他："假如让你去微软公司其他部门工作，你愿意吗？比如说销售部门。"年轻人想了一下表示同意。但是，他对销售工作同样是一窍不通，总经理又给了他一个星期的准备时间。

一个星期之后的面试，他又失败了。总经理一副爱莫能助的表情，劝说他放弃在微软工作的打算。但是年轻人却没有这样做，而是恳求总经理再给他一个机会。总经理听后，幽默地对他说："这样吧，我多给你几次机会，你可以随时来应聘，直到应聘结果让双方满意的那一天。”结果，为了能够在微软公司工作，年轻人前后面试了5次。

第五次面试，总经理没有提出任何问题就宣布他成为微软公司的员工，并且解释说：“你不怕被拒绝的精神，正是我们微软所需要的，你是一个有发展潜质的人才。”

成功从来不是一蹴而就的事，被拒绝也再平常不过。面对拒绝，如果手忙脚乱，不知所措，那么事情永远得不到解决。从拒绝中找到原因，才能改变糟糕的局面，让问题得到解决，让自己获得提升。当遭到别人拒绝的时候，千万不要轻易地就打退堂鼓，只有不怕被拒绝，才能为自己赢得成功的机会；让他人看到你坚持不懈的精神，这一点是非常值得称赞的品质。

第四章 大格局决定决断力

在人生的道路上，选择要比努力重要得多。如果我们在选择上出现了错误，那么所付出的努力就会付诸东流，所取得的效果也会与预期南辕北辙。所以我们在做事之前，要保持清醒的头脑，不要被一些事物的表面现象或者是主观的情绪所迷惑，用理智的心态去分析和辨别，作出有利于人生大格局的选择。

1. 明天的人生取决于今天的选择

每个人都希望有一个美好的明天，每个人也都对未来充满了无限的憧憬。但是，我们应该知道，美好的明天绝不是通过幻想就能得到的，它取决于我们今天的选择。只有有了正确的选择，才能够描绘出美好的未来蓝图，才能够让无限憧憬变为现实。

有这样一个故事：

三个人同时被关进了监狱。在进监狱之前，监狱长答应他们可以满足每个人一个要求。甲喜欢抽雪茄，于是就要了三箱雪茄，他认为这下子监狱生活就不会太枯燥了。乙喜欢玩浪漫，他就要了一个美丽的女人，他觉得，只要有了美女的陪伴，监狱生活也会变得多姿多彩。丙却向监狱长要了一部可以与外界交流的电话。

几年之后，他们出狱了。

第一个冲出来的是甲，他的嘴巴和鼻孔里塞满了雪茄，他走出大门，就气急败坏地大声喊："给我火！给我火！"狱警们看了，忍俊不禁，纷纷嘲笑他考虑不周，只知道要雪茄却忘了要打火机。

接着出来的是乙，只见他愁眉苦脸地一手牵着一个小孩，跟随在他身后的那个女人挺着个大肚子，同样也是愁眉苦脸，早已没有了当初的万种风情。狱警们看到之后，又是一番大笑：等他们出狱之后，恐怕要为养活这几个孩子而辛苦操劳了。

最后出来的是丙，他满面春风地走出狱门，见到监狱长之后就紧紧地握住他的手说："感谢你对我的照顾。尽管这几年我一直待在监狱里，但是我却用电话和外界一直保持着联系，我的生意不但没有停止，反而又有了很大的发展。为了报答你，我决定送给你一辆豪车和一栋别墅！"

三个人的选择决定了他们有了三种截然不同的生活。反观自身，明天的生活又何尝不是由我们今天的选择决定的呢？当我们选择了一时的轻松与惬意，明天等待我们的必定是加倍的辛劳；当我们选择了努力与奋斗，明天等待我们的就是灿烂的阳光。如果我们对明天没有一个正确的规划，在今天作出了错误的决定，那么将来，痛苦就可能会占据心灵。

到了那个时候，生活也许就要在无限的遗憾之中度过了。

李小龙1940年11月27日出生于美国三藩市，他的父母给他起了个名字叫布鲁斯·李。他的童年是在香港度过的，在他18岁那年，李小龙的父母决定将他送到美国留学。他进入大学之后，除了努力学习之外，把精力都放在了练习武术上。

一天，他在和一位朋友谈到梦想的时候，随手在一张便笺上写下了这样的几句话:“我，布鲁斯·李，将会成为全美国最高薪酬的超级巨星。作为回报，我将奉献出最激动人心、最具震撼力的演出。从1970年开始，我将会赢得世界性声誉，到1980年，我将会拥有1000万美元的财富。那时候，我与家人将会过上愉快、幸福的生活。”

当时的李小龙生活非常贫困，但是他却并没有因为贫困而放弃对明天的规划。为实现梦想，他以惊人的毅力克服了无数次难以想象的困难。1971年，他终于获得了命运女神的垂青，他主演的电影《唐山大兄》《精武门》《猛龙过江》一次次打破了香港的票房纪录。1973年，在香港嘉禾公司和美国华纳公司的邀请下，他又主演了《龙争虎斗》，这部电影让他一跃成为国际巨星，人们都称他为“功夫之王”。

后来，李小龙被称为“最被欧洲人认识的亚洲人”。迄今为止，他仍然是世界上享誉度最高的华人明星，《大英词典》将他的“功夫”一词收入其中。

李小龙去世后，在美国加州举行的“李小龙遗物拍卖会”上，李小龙写的那张便笺被一位收藏家用2.9万美元的高价买走。同时，这张便笺的 2000 份复印件也被抢购一空。人们购买这些东西，并不只是因为对李小龙的热爱，也是被他的精神深深地感动。

李小龙成为了全球著名的功夫巨星，这一切都是在李小龙当初作出了正确选择的基础上实现的。在现实生活中，许多人就像梦游者一样，在漫无目的地游荡着，他们不知道自己需要什么，更不会想象明天会是什么样子。这样的人就像是随风飘曳的树叶，缺乏方向，最终只能无声无息地落在地上。这样的人是可怜的，也是可悲的，但是他们的可怜与可悲难道不是自己昨天种下的苦果吗？想拥有美好的未来，就应该把握现在的选择，明确方向，付诸努力，在正确的道路上走下去！

2. 站在一定的高度上看得失

香港商人李嘉诚曾说过这样一句话："一件看起来是吃亏的事，往往会变成非常有利。"这句话意在告诉人们，当自己遭受一些损失的时候，千万不要耿耿于怀，闷闷不乐，而是应该站在一定的高度上去看待眼下的得失。在很多情况下，暂时的"失"却是长远的"得"。

心有大格局的人从来不会因为眼下的失去而坏了心情，他们心胸宽广，不习惯斤斤计较，他们知道，天下没有白吃的亏，只要掌握得当，就一定能够将"失"转化为"得"。

大仓喜八郎是日本19世纪著名的商人。他曾经开了一家小商店，专门经营海产品。有一年，日本发生了大饥荒，很多人沦落街头，靠乞讨度日。日本政府为了赈灾，就在大仓所住的地方设了一个救济站。但是由于僧多粥少，很多灾民排了很长时间的队也没能领到一碗米。

看着面黄肌瘦的灾民们，大仓的心情十分沉重。他在和灾民的交谈中了解到，政府虽然救济给了他们一些大米，但是他们却没有钱买菜，吃饭的问题也就无法解决。

看着长长的灾民队伍，大仓作出了一个决定。他来到灾民的队伍前，大声地对他们说："我店里的货物，全部送给你们了，你们请随便拿吧，能拿多少拿多少！"他的话刚落音，许多人都用不解的眼光看着他。按照常理来说，大灾之年正是商人们乘机抬高物价、巧取豪夺的好机会，而他却慷慨地把店里的商品全部赠出，这太反常了。大仓看着发怔的人们，就抬高声音又重复了一遍刚才说的话。灾民们终于相信了，于是就蜂拥着来到大仓的商店里，毫不客气地拿走了那些货物。

有个好心人对他说："小伙子，你不抬高物价就算不错了，但把商品免费送给他们，是不是发疯了？"大仓笑着解释说："我并没有发疯。您想想，这些灾民穷得连饭都吃不上了，哪里还有钱去买我的货呀？如果我一直把他们放在货架上，早晚都要发霉变质，我也挣不到钱。但是，灾民们却需要这些东西，我能够尽自己最大的能量去帮助他们，难道这不是一件好事吗？"别人听了这番话之后，都非常感动。灾民们拿到东西之后，都不忘向别人打听他的名字，向他深深地鞠躬表示感谢。

灾荒过去之后，大仓喜八郎对商店经过一番整顿后，又重新开始了营业。由于他在灾荒时对大家的照顾，很多人都记住了他的名字，也非常愿意光顾他的店铺。他的生意也越做越好，店铺越做越大。很快，大仓喜八郎成为了当地有名的富商。后来，他又成为了明治时期最著名的商人之一。

大仓喜八郎失去了暂时的发财机会，却凭借善意赢得了民众的心，这是比蝇头小利更珍贵的东西。每个人都不愿意让自己吃亏，这是很正常的现象。但是，如果为了一些蝇头小利而输掉大局的话，就未免得不偿失了。想要培养大格局，就应该从大处入手，在取舍之间掌握好分寸。

3. 让 20%的付出得到 80%的收益

19 世纪，意大利经济学家帕列托对付出与收益的关系提出了“二八法则”，即“你所完成的工作里，80%的成果来自你所付出的 20%”。也就是说，努力虽然重要，但更重要的是做事的方法。如果方法不对，哪怕你付出百倍的努力，也将难有收获。

在做事的时候，我们需要执着的态度，但同样需要正确的方法。在态度和方法中，后者要比前者重要得多。因此，我们应该学会调整自己的思维，把用在盲目努力上的时间转移到寻找方法上来，尽可能地用最

简单快捷的方式实现追求的目标。成功是一扇门，而正确的方法就是打开那扇大门的钥匙。

很久以前，有这样一个人，他非常勤劳，也很能吃苦，但是却始终过着衣不遮体、食不果腹的日子。

这个人来到了一个财主家里做工。由于他干活儿十分踏实，财主非常喜欢他，就送给了他一只死骆驼，让他带回去改善一下生活。这个人把死骆驼拉回家里之后，就开始给骆驼剥皮。但是，骆驼非常大，皮也非常厚。他拿着小刀一点一点地剥，没过多长时间，小刀就钝了不少。他只好拿起小刀跑到阁楼上找到一块磨刀石，等磨完刀子之后，又跑回到楼下继续剥皮。但是，刀子一会儿又不快了，他只好再次跑到楼上去磨刀。就这样，他最终累得气喘吁吁也没有把骆驼皮剥完。

这样也不行啊！他苦思冥想了半天，终于想到了一个自以为比较好的方法：他把骆驼拉到阁楼上，就着磨刀石剥皮。然而，楼梯太窄，骆驼根本无法通过。他又用绳索捆绑骆驼，然后再把骆驼从窗户吊上去。忙完这些之后，他高兴地擦了擦额头上的汗水，欣慰地笑了：这下就不用再跑上跑下瞎耽误时间了，磨刀也就方便多了。

可是，与其费尽周折把骆驼抬上去，为何就不能把磨刀石拿下来呢？

我们每个人的脑海里都有这样一个认识："不劳动者不得食。"这句话并没有什么不对之处，毕竟，劳动创造了人类，推动了社会的发展，在劳动中我们能够创造财富，也能够得到相应的回报。但是，如果你把这句话理解成了“付出就一定有回报”“吃得苦中苦，能为人上人”就未必正确了。在做事的时候，如果不得其法，即使用上了吃奶的力气，恐怕也会没有什么收获。在现实生活中，有很多人每天累得疲劳不堪，却仅仅能够让自己糊口，这并不是因为命运的捉弄，而是他们不懂得选择好的方法。

美国统计学家爱德华兹·戴明博士根据多年的数据分析证明，在所有的失败中，有94%的人是因为方法出现了问题。在错误方法的影响下，很多人走上了劳而无功的怪圈。

大学课堂上，教授在一张桌子上放了一块蓝绒珠宝衬垫。然后，他又在中间放了一个珠宝商常用的放大镜、一把特殊的镊子和50颗晶莹闪亮的钻石。

他对听课的学生们说：“这50颗并不都是钻石，里面仅有一颗是真的，其他的49颗全是人工钻石。现在如果有人能够找到这一颗真钻石的话，我就把这颗真钻石送给他。怎么样，有人愿意上来试试吗？”

学生们都兴奋极了，纷纷举起了手。教授示意他们安静下来，对他们说：“好吧，你们每个人都有一次机会，不过只能试一次，每次只有60秒的时间。”

学生们轮流走上讲台，都瞪大眼睛寻找那颗真钻石，然而一个个60秒过去了，他们又都垂头丧气地回到了原来的位子上。全班几十个人没有一个能找到那颗真钻石。他们不甘心，希望教授把分辨真假钻石的方法告诉他们。在时钟的嘀嗒声中，教授开始将每一块石头翻过来，让琢面向上，平面向下。他用了49秒钟的时间把所有的石头都摆放成了这个姿势。然后他又用剩下的时间，从上向下看着这些石头，很快就用肉眼找到了真钻石。教授完成这些工作之后，仅仅用了53秒的时间。

原来，所有的人造钻石都是一个“模样”，完美无瑕。只有真钻石上面有一个瑕疵——有一小块叫作内含物的碳。因为这个瑕疵很显眼，所以仅仅靠肉眼就能很快地分辨出来。学生们看到之后，纷纷张大了嘴巴，同时在想：“原来这么简单！”于是，他们又骚动起来，纷纷表示再试一试找出真钻石。

教授却摇了摇头拒绝了他们的要求，他说：“机会只有一次，你们已经没有机会了。因为你们不知道这种方法，所以就一无所获，而我却知道这种方法，因此我每次都能很快地找到钻石。”

选择了正确的方法，就能取得事半功倍的效果，如果方法选择错误，那么就会出现事倍功半、南辕北辙的现象。我们在追求目标的时候，需要坚持不懈的精神，但是坚持不懈并不代表着撞到南墙不回头，当我们遇到一些困难和问题时，如果经过多次努力也不能解决的话，就应该冷静下来，开动脑筋，寻找新的方法。只有方法对了，我们的付出才能得到相应的回报。毕竟，我们追求的是让20%的付出得到80%的收益，而不是付出80%努力只得到20%的回报。

4. 抛开薪水，选择终生感兴趣的事业

生活中，很多人在选择工作的时候喜欢盲目跟风。他们从网络等媒体上看到哪个行业热门、哪个工作工资高，就不假考虑地一头扎进去。他们认为，只有热门的行业才是好行业，只有高薪的工作才是好工作。但是，一段时间之后，他们却发现，这些工作并不适合自己，并为此感到疲惫和苦恼。

这其实是很多人职业选择的误区。丰厚的薪水固然诱人，但是，薪水并不能代表一切。如果我们对自己所从事的工作没有兴趣，那么，薪水再高也会让我们对工作感到索然无味。如果仅仅为薪水工作的话，一个人的发展空间必然是有限的。

通过对大部分成功者成功经验的分析，我们很容易就能总结出这样一个结论：他们所从事的未必是最热门的行业，但是他们都选择了自己最感兴趣的工作，最后才获得了成功。可以这样说，成功者的成功是和他们的兴趣紧紧联系在一起的。因此，我们在选择职业方向的时候，应该以自己感兴趣的工作作为终身的追求。

多普达前总裁兼首席执行官李绍唐，在高中毕业后，考上了台湾淡江大学数学系。他在数学系成绩非常优秀，但他觉得，数学专业不能给

自己带来光明的前途。李绍唐的父亲早逝，清贫的家境让逐渐懂事的李绍唐认为，只有通过自己的努力，寻找一个热门的行业，将来才能“赚大钱”。于是，第二年，李绍唐打算转入英文系，系主任问他转系的原因，他非常坦白地说：“我以后要赚大钱。”系主任笑着对他说：“那你应该从事自己最感兴趣的行业，去念国际贸易系。”李绍唐想了想，同意了老师的建议。

大学毕业后，李绍唐把求职目标锁定在外企，因为“那里薪水高，工作也比较适合自己”。他做了20份履历表，都投向有名的美商公司。最后，他等到了IBM的录取通知书。

进入IBM后，每隔三个月，李绍唐就会主动向上司询问：“我表现哪里不好？我怎么做才能得到甲等考绩？怎么做才能得到A+？”在李绍唐的主动交流下，上司开始留意这个土生土长在中国台湾的小伙子，渐渐地放手交给他做一些重要的工作。李绍唐没有让上司失望，凭着自己的优势不久便升任为高管。

后来，李绍唐辞掉了IBM的资深经理人职位，又担任了甲骨文（中国）华东区及华西区董事总经理，2005年10月李绍唐加入多普达任首席运营官，2006年3月任多普达的总裁兼首席执行官。

李绍唐的成功，经过了长期的努力和不懈的坚持，更重要的一点是，这一切都是围绕他的兴趣点展开的。苏联心理学家索尔格纳夫认为，在发挥自己的最佳才能时，不要把“想做的”和“能做的”以及“能做得最好的”混同起来。有些事情，你能够做到，也有能力做好，但是未必就代表着你喜欢做和愿意做。如果仅仅把自己放在“能做的”位置上，那么，无论你从事什么样的职业，最多只能成为熟练的技术工人罢了。

世界首富比尔·盖茨说：“做自己喜欢和善于做的事，上帝也会助你走向成功。”比尔·盖茨创办微软公司，不仅仅是因为他看到了计算机行业具有广阔的发展空间，更是源于个人的兴趣。他在年轻的时候，就十分痴迷计算机。在创业初期，除了出差、谈生意之外，他都会把自己留在办公室里充满激情地工作。正是因为选择了终生感兴趣的事业，他才有了后来的成就。成功的诀窍很简单，经营自己感兴趣的东西就能让自己的人生增值。

乔布斯是苹果公司的创始人之一，他本人对动画比较感兴趣，暂离苹果公司之后，就准备从事动画事业。1986 年，他以 1000 万美元向《星球大战》导演卢卡斯买下该电影公司的电脑动画部门，创立皮克斯动画制作室。经过一段时间的运作，工作室推出了史上首部完全以 3D 电脑特效制作的动画片《玩具总动员》。该动画片放映之后，整个电影界都为之轰动。接下来，皮克斯公司又推出了《海底奇兵》《超人特工队》等动画电影，获得了业内人士的广泛好评。由此，皮克斯也成为动画领域的霸主，同时皮克斯制作也成为了票房的保证。

当有人问及乔布斯成功原因的时候，他这样说道：“你必须要找到自己喜欢的工作。我确信，只要爱我所做的事情，未来就会是美好的。”

易趣网的创办人邵易波说：“一个人要成功的话，一定要找到自己最想做的事，当然这也是他最能干好的事，这样他就能够每天都很有劲儿地去工作，也容易成功……”选择热爱的事业，更有助于将自己的才能发挥得淋漓尽致，就能把繁忙的工作当成快乐的享受，把遇到的困难当成前进的动力。因此，我们在追求成功的过程中，除了要具备努力和坚持之外，更要注意以自己感兴趣的事业作为目标。

5. 分清轻重缓急，抓住主要矛盾

心怀大格局的人，在做事的时候，都能够分得清楚轻重缓急，把有限的精力用到最重要的事情上，而不是舍本逐末，盯着小事不放。生活中，我们经常可以看到，有些人尽管忙忙碌碌，但始终一事无成。之所以会出现这样的情况，是因为这些人只知道奋斗，却不懂得掌握重点，在无关的事务上浪费了时间精力。

哲学家告诉我们：做事情要分清主要矛盾和次要矛盾。我们应该知道，每个人的时间和精力都是有限的，将时间精力过多投入那些无关紧要的小事，不仅会影响到主要矛盾的解决，还会影响到整个大局。所以，当我们着手做一项工作的时候，首先就要了解这项工作的重点是什么，非重点又是什么。从大处着眼，从抓住重点做起，把那些无关紧要的事情放一放，这样才能给自己赢得时间和精力，同时也能避免出现劳而无功的现象。

有个人想在客厅挂一幅画，并请了邻居来帮忙。两个人摆正了画的位置之后就准备砸钉子，这时候他说："先等一下，这个木块有点大，应该锯掉一点。"于是，他放下了手中的活计，四处找锯子。找来锯子之后，刚刚锯了几下木板，他又感觉锯子太钝，需要磨一下。

为了磨锯，他又翻箱倒柜寻找锉刀。找到锉刀之后，他发现锉刀没有刀柄，于是又准备给这把锉刀安上一个柄。他拿着斧子去村外的一个灌木丛林里寻找小树。准备砍树的时候却发现那把生满老锈的斧头又不能用，他又找来了一个磨刀石，但是要想固定住磨刀石还需要几根木条。他又去找木匠，因为木匠家里一定有现成的。就这样，他这一走很长时间都没回来，邻居等得不耐烦了，就去找他。走到大街上却发现，他正在帮木匠从五金商店里往外搬一台笨重的电锯。

现实生活中，许多人都犯了和故事主人公一样的毛病。他们经常在一些毫不相干的事情上四处奔波、忙前忙后，等到筋疲力尽的时候，却发现已经忘记做这些事情的最初目的，自然不会有任何收获。

俗话说"有所为有所不为"，做事的时候，应该首先明确目标，围绕目标分清楚哪些是应该做的，哪些是不该做的。应该做的事情就全神贯注地投入，不应该做的事情就没有必要劳神费力。做大事，就不要被那些烦琐的小事和细节蒙蔽了眼睛，更没有必要对任何事情都做到尽善尽美。大格局者懂得以大局为重，从来不会被小事牵绊。

吉安姆斯是一名亿万富翁，他涉足了很多行业，旗下有几十家连锁酒店，几个建筑公司，同时还有几家杂志社。按理说，这样的人应该每天都非常忙碌才对，但是吉安姆斯看上去却清闲得很。这是什么原因呢?

原来，他在做事的时候能够从大处着手，一些小的问题他从来都不参与。比如，杂志社的经营，他全权委托给了聘任的总编，从来都不参与杂志社具体的经营管理，他所关注的只是整体的业绩，如果发现情况不好，业绩下滑的话，他就会督促主编拿出解决方案来，对于方案如何制订，吉安姆斯也从不过多干预，只看最后结果。对于建筑公司和连锁酒店，吉安姆斯也采取了同样的态度，他对负责人们表示：只要不发生错误就可以了。

吉安姆斯认为，领导者应该把握大局，而不是小事。在经营的具体问题上，完全可以放手交给下属去做，没有必要事必躬亲。时间有限，领导者应该发挥其把握大方向的作用。假如事必躬亲，那么自己存在的意义是什么呢？自己与员工又有何区别呢?

心怀大局者知道事有大小，知道在自己有限的人生中，哪些事是该做、必做的，哪些事是不必去做的。很多人之所以失败，就是因为他们分不清主要矛盾和次要矛盾，总是碰见一个问题就解决一个问题，却没有思考这个问题对大局是否能起到关键作用。

每个人都希望能够成就大事，但是仅仅依靠争分夺秒的努力还远远不够。要想做大事，就该有做大事的眼光和心胸。分不清主次，把握不好主要矛盾和次要矛盾，哪怕付出百倍的努力也不过徒劳无功。选择很重要，选对努力的重点，才能实现高效。

6. 目光放长远，不做蜗角之争

一个人是否能够成就一番事业，关键要看他的目光是否长远，心胸是否宽广。如果喜欢钻牛角尖儿，在鸡毛蒜皮的小事上也要争出个子丑寅卯来的话，就会显得心胸狭隘，也就难成大事。因此，在生活和工作中，假如我们和别人发生了一些冲突和矛盾，不影响大局的话，就应该放弃争强好胜的心理。只有这样，才能避免两败俱伤，才能节省下大量的时间和精力投入到更广阔的的事业中去。

《庄子・则阳》里讲到了这样一则故事：从前，在蜗牛的角上有两个国家，左角上的国家叫触氏国，右角上的国家叫蛮氏国。这两个国家经常为了争夺土地而进行大规模的战争。每次战争都要弃尸数万、流血千里，获胜的一方还要“剩勇追穷寇”。

生活中也常常有人和蜗牛角上的两个国家一样，作出一些让人啼笑皆非的事来。元代的石子章在《竹坞听琴》第二折中就生动地描绘了这样一个滑稽的场面：“都为那蜗角虚名，蝇头微利，蚁阵蜂衙，将一片打劫的心，则与人争论高下，直等待那揭局儿死时才罢。”

白居易在《对酒诗》中写到“蜗牛角上争何事，石火光中寄此身”。许多人却看不透这一点，他们喜欢在一些没有必要的小事上争个不亦乐乎，发誓要一比高下，这实在不是智者的选择，也不是成大事者的作为。

大格局者之所以能够在激烈的竞争中胜出，并不是因为他们有超强的竞争技能，而是因为他们能够把目光放得长远，从来不屑于做那些“蜗牛之争”的蠢事。

李兆基是香港著名的富豪。他心胸十分豁达，在做生意的时候从来不会在一些无关紧要的事情上和别人起争端，哪怕是别人做了一些伤害自己的事，他也不会放在心上。

有一次，恒基建筑部的经理告诉李兆基说，有一个包工头承接了他们的工程之后，竟然不遵从协议，要求他们补发一笔钱，建筑部已经拒绝了他们这一无理要求。

李兆基听了之后，就问道：“那个包工头并不是第一次和咱们合作，这次出尔反尔一定有他的原因吧？”

“是这样的，”那位建筑部经理回答说，“这个包工头在当初承接工程的时候，在成本计算上出了错误，等完工结账的时候，他发现自己做了一笔亏本的生意。为了弥补他的损失，就再向我们要一笔钱。”

这桩买卖是签了合同的，有法律保障，拒绝那位包工头的请求，别人也说不出来什么，但是李兆基却不这样认为，他对建筑部经理说：“既然他在当初计算上出现了错误，那么我们就把那笔钱给他吧。尽管按照法律规定我们完全可以不必承担这个责任，但是那位包工头也不容易，并且也是我们长期的合作伙伴，我们没有必要在这些事上过多地计较。反正这个项目我们也有钱可赚，这次就当少赚些好了。”

后来，那位包工头每当和别人谈论起李兆基的时候，总是伸出大拇指，说他重义气，够大度。

有句话是“愚者赚今天，智者赚明天”，一个人的未来是由他的眼光决定的。同样是在这个社会中打拼的人，着眼点不同，结果自然也就不会相同。大格局者在利益争执上往往能够采取豁达从容的态度，不会因为无关紧要的小利而丧失理智。正是因为他们能够把眼光放长远，才使得自己在激烈的竞争中游刃有余、收放自如，立于不败之地。

“为善之端无尽，只讲一让字，便人人可行”，古贤之语道出了为人处世的真谛。在无关紧要的事情上懂得谦让，不是退缩的表现，而是一种道德修养，是一种心怀大格局的从容淡定和超然自信。有句老话叫“争是不争，不争是争”，在一些小事上挖空心思，输掉的是人品；超然大度的态度，为自己迎来的是美好的明天，这才是人生中的大智慧。

7. 在无关大局的事情上，不与人较真儿

俗话说“水至清则无鱼，人至察则无徒”，世上有很多事情没有必要非得去弄个一清二楚，争个是非曲直。在无关大局的小事上太过于较真儿的话，不仅会让别人觉得我们心胸狭隘、过于死板，还会浪费我们的精力、伤害我们的感情，是有百害而无一利的。因此，我们需要在一些小事情上保持宽容的态度，该看开的就要看开。

我们知道，如果一个人太过于较真儿的话，就容易认死理，行事也比较容易喜欢钻牛角尖儿，更容易对很多事情看不顺眼。在较真儿的心态之下，容易滋生愤怒和悲观的情绪，还有可能丧失理智，作出一些愚蠢的举动来。这样是绝对会影响到人生大格局的建立的。故而，在一些无关大局的事情上，还是不要与人较真儿的好。

一天晚上，戴尔·卡耐基参加了一个宴会。在宴席中，一位坐在他身边的先生讲了一个笑话，在笑话中引用了一句话，这句话的大致意思就是说“谋事在人，成事在天”。

为了显示自己的博学，那位先生还特地强调说这句话出自《圣经》。然而他却错了，实际上这句话出自莎士比亚写的《哈姆雷特》。于是，戴尔·卡耐基就用一种嘲笑的口吻告诉他：“尊敬的先生，您的记忆出现了问题，那句话并不是出自《圣经》，而是著名的文学家莎士比亚先生说的。”那位先生听了之后，涨红了脸，提高声音分辩道：“什么？出自莎士比亚？不可能，绝对不可能！那句话出自《圣经》。”

坐在戴尔·卡耐基另一边的老朋友弗兰克·格蒙看到之后，就踢了一下卡耐基的腿。但是卡耐基却没明白他的意思，反而向他求助说：“亲爱的弗兰克，您研究莎士比亚已经很多年了，在这方面您是权威，请您告诉那位先生，那句话究竟出自什么地方？”格蒙听了，就说：“戴尔，这位先生没说错，《圣经》里有这句话。”

从宴会上回来，卡耐基仍有些愤愤不平，他向格蒙抱怨说：“弗兰克，你明明知道那句话是莎士比亚说的，为什么偏偏说是出自《圣经》呢？”

“是的，当然，”他回答，“《哈姆雷特》第五幕第二场。可是亲爱的戴尔，我们是宴会上的客人，为什么要证明他错了？那样会使他喜欢你吗？为什么不给他留点面子？他并没问你的意见啊！他不需要你的意见，你为什么要跟他抬杠？你和他抬杠只能让你们两个人都感到不愉快，你觉得有这个必要吗？”

除了永恒的真理之外，其他的一些“理”，都是没有必要去争的。比如，两个人在一块儿聊天谈论天气的时候，说天气晴朗与否只是一些打发无聊的话罢了，如果对方说的观点和你相反，你没有必要兴师问罪般的去纠正什么。与人相处本来就是求同存异的，接纳别人的不同意见又有什么不好呢？如果对方真的说错了，私下纠正是否比当面驳斥更妥帖呢？

真正的智者拥有宽广的心胸。在一些小事上，他们从来不会去和别人争个你死我活，更不会为了一点小事就大动肝火。他们知道，是非成败不体现在一些鸡毛蒜皮的小事上，而是表现在大的人生事业当中。

不与人较真儿，不仅仅是心胸宽广的表现，也是做事上的明智选择。人的精力和时间都是有限的，如果在一些小事上浪费大量的时间和精力，势必会影响到一个人的整体格局，阻碍一个人的发展和成功。无论从哪一方面讲，太过于较真儿都是得不偿失的。看开一些，少一些计较，多几分宽容，才是于人于己的美事。

下篇

大格局的修炼

格局不是先天而来的，它和你目前的人生环境也没有必然的联系。格局是一个人对自己人生坐标的定位，其中，知识和技能是内力，合适的平台是羽翼，如果你能够充分利用这一切资源，扬长避短，不断突破，让每一天都处于上升的阶梯上，那么，未来的大格局与大发展将不仅仅只是梦想。

第一章 大格局来自优化的知识结构

“吾生也有涯，而知也无涯”，如果仅仅满足于上学时所学习的一些东西，那么，我们的发展必会受到限制。要想在这个竞争激烈、知识大爆炸的时代里立于不败之地，就要时刻注意补充知识，注重更新自己。在学习的时候，我们既要学习书本知识，还要学习专业知识，同时要注意从社会实践中汲取所需要的营养。只有坚持不断地学习，才能够为建立大格局提供充足的力量和智慧。

1. 勤于学习，善于学习

中国有句古话叫“活到老学到老”。学习是没有止境的，如果一个人仅仅停留在对已有知识的满足之中，失去对学习的兴趣和追求，他就会逐渐被社会和时代所抛弃。不过，在现实生活中，很多人却忽视了学习的重要性，他们认为自己有着较高的学历，没有必要再做“三更灯火五更鸡”的努力，把大量的时间都用在了吃喝玩乐上。他们忘记了这样一个浅显的道理：文凭是有“保鲜期”的，如果疏于学习的话，不仅学不到新的知识，甚至还会将以往的东西遗忘。

尽管我们早已没有了作业，没有了考试和分数，但是勤奋学习的态度却不能丢。没有了别人的指导和督促，我们同样需要不断地学习，并且，学习的内容应该更广泛，学习的层次也应该更深入。还有些人对学习的重要性有着清醒的认识，但却苦于没有时间。不少人认为，繁忙的工作已经让自己疲惫不堪了，无法抽出相应的时间和精力来学习。其实，这只不过是逃避的借口罢了，鲁迅先生曾经说过："时间就像海绵里的水一样，只要愿挤，总还是有的。"只要我们有主动学习的意愿，就一定能够从平常的日子里抽出学习的时间。

一个从事销售工作的青年经常到外地出差。在沿途中，他总是随身携带一些书籍，比如学术刊物、函授学校的课本等，在别人无聊地打着呵欠的时候，专心致志地翻阅。这位青年把别人浪费掉的时间都用在了学习上，最终取得了很大的进步。他对各种行业的知识都有一定的认识，对于文学、艺术和科学方面的知识也有很深的研究。

哈佛大学前校长艾略特曾说："养成每天读十分钟书的习惯。这样每天十分钟，二十年之后，他的知识水平一定前后判若两人。只要他所读的都是好的东西。"这里所说的"好东西"，不是指市场上流行的那些娱乐性书籍和低级趣味的刊物，而是指那些能够提升专业技能、扩大视野的书籍。

我们曾在网络等媒体上看到诸如"搓澡女工考上硕士""三轮师傅

变为博士”的新闻，在感到震惊和不可思议的同时，是否也该静下心来想一想，学习一下他们的精神呢？我们应该知道，任何成功都不是偶然的，是和一个人勤于学习、善于学习有很大关系的。

一次，记者问亚洲首富李嘉诚先生：“李先生，请问您成功的秘诀是什么？”

李嘉诚不假思索地回答说：“靠学习，不断地学习。”

李嘉诚的回答很朴实，也很正确。他一直是勤于自学的，在任何情况下都不会忘记读书。年轻的时候，他给别人打工时，坚持“抢学”，把每天的业余时间都用在了学习上。后来，他的生意逐步做大，有了自己的“商业王国”，但是他并没有对自己有所放松，仍然是孜孜不倦地进行学习。每晚睡前是李嘉诚固定的看书时间，他喜欢看人物传记，无论是医疗、政治还是教育，对全人类有帮助的人他都很佩服，把他们当成自己的目标和榜样。

李嘉诚在很早的时候就开始了对英语的学习，他专门聘请了一个英语教师早晨七点半上课，等上完课之后才开始去工作，每天都是如此。在办塑料厂期间，他还订阅了有关塑料的英文杂志，既学英文，又了解了世界最新的塑料行业动态。在当时的香港，能够懂英文的华人称得上是“稀有动物”。由于懂得了英文，在谈生意的时候，李嘉诚就不用再请翻译帮忙，而是可以和英美商人直接打交道，获得比较准确的信息。

如今，李嘉诚虽已近暮年，但是他并没有对自己放松要求，仍然坚持不断地读书学习。他说：“在知识经济的时代里，如果你有资金，但缺乏知识，没有最新的讯息，无论何种行业，你越拼搏，失败的可能性越大；但是你有知识，没有资金的话，小小的付出就能够有回报，并且很有可能达到成功。现在跟数十年前相比，知识和资金在通往成功的道路上所起的作用完全不同。”

我们在生活中经常可以看到，有一些天分颇高的人一生只能从事一些平凡的事。出现这样的结果绝不是命运的恶作剧，因为缺少知识做支撑，职业发展必然有所局限。

现如今，文盲的定义已经不再是那些目不识丁的人，而是那些不愿意学习和不懂得怎样学习的人。因为，在这个时代里，知识的更新速度比历史上任何一个时期都要快：我们原有的知识正在以每年5%的速度不断“报废”，如果我们不进行及时的“充电”，在20年后，就会变成文盲了。为了避免如此悲剧的发生，我们要从现在开始，充分认识到学习的重要性，每一天抽出一些时间，丰富自己的内在力量。

2. 在社会实践中学习知识

有的人对学习的理解过于狭窄，他们所理解的学习就是从书本中获得知识。他们认为，天下所有的智慧都存在于书本当中。这样想就犯了想当然的错误。如果一直把书本当成自己的老师的话，那么，所学到的知识就会少得可怜，视野到达一定程度后就无法再开阔。真正的智慧不仅来自书本，还有在社会实践中所获得的经验。在社会这所学校中不断学习，才能愈加充实自己，才不会被这个时代淘汰。

有一个矿工非常喜欢读书，他从书本中学到了不少的知识，并因此自高自大起来，十分瞧不起他的工友们。一次，他在矿井里看到一只小白鼠，准备把它杀死。但是工友们却制止了他。他感到不解："白鼠除了偷东西之外还会传染细菌，留着它有什么用？"工友却说："在矿井里，小白鼠是不能随便杀死的。如果发生了塌方，身边只要是有小白鼠，就表明还有活下去的希望。因为它们最清楚从哪个地方可以跑出去。"他感到很惊讶，说："我怎么不知道？书上没有写过呀？"工友笑了笑告诉他："这是我们旷工在工作中积累下来的经验，在书本中是找不到的。"

听完工友的话，这位矿工明白了一个道理：生活是一本读不完的书，有无尽的知识等待发现。从此之后，他再也不敢目中无人了。

社会实践中有很多书本上没有的东西，如果我们只注重书本学习的话，就容易犯下本末倒置的错误。在生活中，许多胸有大志的人为了实现人生目标经常抽出时间来翻阅一些有关管理、经商的图书。但仅仅做到这些是不够的，我们还需要到社会的大课堂里去学习，只有这样，才有可能让我们把事业做得更好。

改革开放初期，有一个姓杨的小老板乘坐飞机去往美国考察。到了美国之后，他却被高额的技术转让费给吓坏了。他只是一个小工厂的老板，没有足够的资金去支付昂贵的费用。再者，美国的厂商不会轻易地将新技术转让给别人。每一项新技术发明之后，厂商们都会在第一时间占领市场，等到把钱赚够了，才会把那些已经没有多少价值的技术卖给别人。面对金钱的短缺和技术的壁垒，杨老板感到非常头痛。

杨老板出国之前的那些想法似乎很难实现了，但是他并没有就此打道回府。他想深入到美国的机械设备厂进行秘密的考察和实践，一来是为了验证自己的想法，得到一些最有价值的资料，二来可以不用付出高额的专利转让金就可以学到先进的技术。

这时候，美国的机械设备厂正在招聘工人，杨老板一看机会来了，就毫不犹豫地报了名。不过，他的工资却比其他的勤杂工低。因为，他只有旅游签证，按照当地法律的规定，持有这种签证的人是没有资格打工的。那家机械厂的老板看准了这一点，就只给了他其他工人一半的薪水。这位精明的老板知道，尽管这样做是非法的，但是这位黄皮肤的工人也不敢到相关部门去控告他。

杨老板很兴奋能够得到这份工作。他看重的绝不是薪水，而是这个工作可以自由地在各个工段来回走动，观察了解生产流程的每一个环节。因此，他在工作的时候非常勤快，观察的时候也非常仔细。每天下班之后，他都不顾疲累，把观察到的一些心得记下来。他在这家工厂工作了不到一个月的时间，就掌握了整个工厂的生产流程。同时，他还了解了这家公司的管理制度，可谓是获益良多。

回国之后，杨老板立即召集了几个部门负责人和技术骨干来到办公室开会。在这次会议上，杨老板对公司的管理机制、制造技术都做了大刀阔斧的改革。有了先进的技术和科学的管理制度，杨老板的公司迅速成为当地的行业佼佼者。工厂所生产的产品，无论在国内市场还是国际市场，都是一流的，很快就被抢购一空。这些产品给杨老板带来了高额的利润，让他积累了一大笔财富。

每一项新的技术都只能运用在研发者的工厂里，不可能存在于当时的书本之中。如果想学习某一项新技术，就不能把所有的希望都寄托在书本上。因为，等到那些新技术刊登在书本上的时候，商机已经基本丢失了。杨老板正是看到了这一点，才放下架子来到了美国的工厂里打工，最终在实践中学到了自己想要的东西。

如果我们只满足于书本知识，就将学习放在了一个比较狭隘的认识上，将会不利于我们的成功。只有在社会实践中不断地学习新知识、新技术，才能够保证我们与时俱进，跟上时代发展的脚步。

3. 运用知识的同时，注重独立思考

孔子说："学而不思则罔。"这句话的意思就是告诉我们，如果只注重学习却忽略思考的话，就会感到非常迷茫。在生活当中，许多人虽然有着丰富的专业知识，但是他们在做事情的时候却总是失败，其中的原

因就是他们在做事的时候不注重思考，只知道从书本中寻找答案和方法，犯了教条主义的错误。

书本上的理论知识所反映的只是一种通常的状态，表示的是一般问题的共性，与具体事件存在着较大的差异。我们在做事的时候，如果忽视了这种差距，不注重实际情况，不假思考地盲目运用书本知识，那么就会犯下“一刀切”的错误，必定也会给自己带来不小的麻烦。

美国发明家爱迪生有一次在实验室里进行一项实验，需要一个灯泡容量的数据，但是因为手头太忙，就随手递给助手一个没有上灯口的玻璃灯泡，让助手帮忙把灯泡的容量数据测量出来。过了一个多小时，爱迪生手中的工作已经完成了，那个助手还是没有把灯泡容量的数据告诉他。爱迪生感到非常纳闷儿，于是就推开助手房间的门，结果看见桌子上有一堆演算纸，助手正在满头大汗地用笔计算着。

爱迪生看到之后更加不解了，问道：“怎么这么长时间了还没有把数据弄出来？”助手一边计算一边说：“这个灯泡的形体太特别了，需要经过很长时间才能算出它的具体容量，您先等一会儿，再过半个小时我就算出来了。”爱迪生听后终于明白过来：原来，助手在这一个多小时里正在忙着找工具测量灯泡的周长和斜度，然后用复杂的公式计算呢！

爱迪生哭笑不得，对助手说：“年轻人，除了利用公式之外，你还能找到别的法子吗？”助手回答说：“书上只有一个这样的公式，没有其他的法子。”爱迪生走上前去，拍了拍他的肩膀说：“小伙子，别瞎忙了，瞧我这么干！”说完，他就拿起那个灯泡在里面注满了水，然后把灯泡递给助手说:“你把这里面的水倒在量杯里面，马上告诉我它的容量。”助手一听，马上就明白过来，羞得面红耳赤。爱迪生对他说:“年轻人，书本上的知识虽然是对的，但是你一直照搬书本知识却不注重思考就不对了。”

只知道读死书，只从书本上寻找答案和方法，那么这些僵化的知识不但难以成为推动我们成功的力量，恐怕还会成为前进的羁绊。在职场中，有些人虽然有着比较高的文凭，但是却不如一些文凭低的人受重视。这些人感到迷惑，认为老板偏心。他们在抱怨的时候，却忘记了从自己身上找原因：在工作的过程中，你把所学到的知识真正用上了吗？在运用知识解决问题的时候，是不是忘记思考了？

李阳在大学学的是市场营销专业，毕业之后去了一家农产品公司做市场调查员。他在公司里工作了半年之后，发现自己的工资竟然还不如一个叫赵聪的同事高。李阳感到非常不平衡:“我有学士学位，赵聪只不过初中刚毕业，凭什么他的待遇比我的高？”后来，他终于忍无可忍，就向老板提出辞职，在递交辞职书的时候，他免不了要说一些抱怨的话。

老板听他讲完，就对他说:“请你现在到市场上去一趟，看看今天的市场上有什么卖的。”他出去之后，很快就回来了，对老板说:“市场上现在只有一个农民拉了一车土豆卖，价格是两块钱一斤，但是这车土豆的质量可能有问题，没多少人来买。”老板示意他先休息一下，然后又把赵聪叫来，告诉赵聪:“你去市场上看一下，看看今天有什么卖的。”

赵聪出去之后，也很快从市场上回来了，在来的时候还带了几个土豆。他对老板说:“到现在为止，市场上只有一个农民在卖土豆，有10袋，两块钱一斤。这些土豆虽然质量不是太好，但是根据近几天调查出的信息，今年的土豆受到了天灾，产量急剧下降，目前供不应求。如果我们能够将他的土豆买下来的话，不久就能赚上一笔钱。我怕这位农民将东西卖给了别人，就把他给带来了，现在他正在外面等着回话呢。”

老板对赵聪说:“他的土豆我们要了，你去和他商量一下就可以了。”

赵聪出去之后，老板笑着对李阳说:“小伙子，明白你们之间的差距了吗？你有非常丰富的知识，但是你只知道按照书本界定的内容去调查，却很少思考，待遇当然要低一些了。”

理论知识是用来指导工作的，却并不能解决生活中的所有问题。如果在做事的时候，用知识来给自己设定一些条条框框，难免要失败。

知识和现实的结合需要有一个思考的过程。如果我们不加分辨、生搬硬套地去运用书本上的理论和公式来解决现实中的问题的话，就难免会产生疑惑，也难免失败。从哲学的角度上来讲，知识属于矛盾的普遍性，而具体的现实则属于矛盾的特殊性；知识属于宏观性的东西，具体事实却属于微观的。我们应该区分出两者之间的差异来，在解决问题的时候，只有注重多思考，才能够将问题解决得更加完美。

4. 在工作中学习，不断更新自己

很多人对工作缺乏正确的认识，认为工作只是谋生的手段。因此，他们在工作的时候只是机械地做着手中的事情，很少思考如何将工作精进。这样的想法和做法是错误的。工作的作用不仅仅是糊口那么简单，它还为我们提供了必要的学习机会。如果我们只是把工作当成工具，却忘记了在工作中提升自己的话，就不可能有什么进步，也不可能取得成功。

美国西点学校的埃里克·霍弗将军说："没有哪个人可以永远独占鳌头，在瞬息万变的世界里，唯有虚心学习的人才能够掌握未来。"在快速发展的时代中，社会对人才的要求越来越多元化，也越来越精英化。我们要想在这个竞争激烈的世界中站稳脚跟，就应该在工作中不断地去学习，唯有如此，才能够让自己适应社会的发展。

机械厂新招了两名员工，一个叫赵全，另一个叫张明。在实习期间，这两个年轻人都非常尽职尽责，得到了同事们的一致认可。实习期结束后，两人顺利转正。

过了一段时间之后，大家开始发现，这两个人存在着一些不同的地方：赵全是一个比较外向的人，他在完成工作之后，就找同事们聊天儿；

张明却不同，他在完成了本职工作之后，经常到其他的工作岗位上向一些老员工学习。在8小时之外的时间里，张明还经常到图书室里翻看机械知识和工厂管理之类的书籍。另外，他还自学电脑，考取了电脑程序员。总之，他从来没有闲着过，一直在给自己“充电”。

赵全看到他忙忙碌碌的样子，就一再劝说他：“现在我们已经成为了厂子里的员工，没有必要再去浪费时间了。再说，你学的这些东西都和我们的工作没有多少关系，根本就用不着，你学它有什么用啊？”张明只是笑笑，解释说：“反正闲着也是闲着，不如用这些时间多学点东西，说不定到时候能用上呢。”

时间一天天地过去了，张明由于掌握了大量的知识技能，机械厂的所有工作他都能做得得心应手。后来，他还写了一些文章在相关的报纸和期刊上发表。渐渐地，领导们越来越重视他。

两年之后，两个人有了截然不同的命运：张明因为知识多、能力强，被提升为了车间主任，而赵全却在公司的裁员中惨遭淘汰。

在职场中，我们经常可以见到上面的例子。很多人走上工作岗位之后，就觉得高枕无忧了，因而变得安于现状、不思进取，忘记了居安思危的道理。时间一天天过去，他们始终以旧技能应对新变化，固然惨遭淘汰。

有的人经常抱怨运气不好、薪水太低，所从事的工作岗位不利于自己的长远发展。但是他们却忘记了主动给自己寻找发展机会和发展空间。我们应该明白，目前我们所从事的工作尽管工资比较低，但却是和我们的能力相对应的。如果想让自己有一个好的发展，就应该在工作中不断地学习积累，不断地提升自身的能力。只有通过学习让自己的能力得到提高之后，我们才有资格去谈待遇，以及寻找更大的发展空间。

珠珠高中毕业之后在一家电子厂里找到了一份工作。她所从事的工作非常简单，只要将不同的电子器件包装在一起就可以了。正是因为工种简单，她的工资非常低，但她并未因此而怠慢这份工作。在工作的时候，她非常注意向别的员工学习。聪明又好学的她很快就成为了车间里技术最好的员工。后来，珠珠通过学习，还掌握了一些维修机器的技巧，当其他同事的设备出现问题的时候，她总能在最短的时间内维修好。由于她的表现出色，厂里领导决定提升她为这条流水线上的负责人。

一年之后，珠珠依然在这家厂子工作。不过，此时的她早就不再满足于那些简单的工作了，她希望能够进入管理层。但是她知道自己目前的实力虽然比两年之前强了许多，但是还不足以支撑她进行管理工作。于是，她又开始了学习。别人在聊天儿的时候，她就坐在一旁看书，还常与一些相关人员探讨，并且参加了专业的培训。两年过去了，珠珠的辛苦换来了回报，她取得了管理学学士的学位，再加本身的能力，很快就被提升为了部门主管。她的工资也已经是最初的数倍之多。

一个人的前途之所以无限光明，是因为他能够通过不断的学习清除阻碍进步的各种障碍。一个有学习热情的好员工才是优秀的员工，才是有发展前途的员工。忽视学习的重要性，缺少进取精神的员工，必定会被他人抛在后面。

美国总统威尔逊说过："学习是终生的事业。"任何人要想保持长足的发展，就应该时刻督促自己注意学习，在工作中通过学习来不断地更新自己。只有这样，才有可能为成功提供必要的内在支撑力。

5. 根据职业选择需要学习的核心知识

《庄子·列御寇》中有这样一个故事："朱泙漫学屠龙于支离益，殚千金之家，三年技成，而无所用其巧"。学屠龙之技耗资巨大，三年才学成，自然是门好技术。但到哪里去找龙来杀呢？可见，注重学习是好事，但是不能不加选择地盲目学习。尤其是对职场人而言，工作以外的时间本来就少，时间和精力必须被充分利用。知识没有优劣之分，但对于每个人而言却有先后之别。我们在学习的时候一定要注意这一点。为此，我们可以根据自己所从事的职业来选择所需学习的"核心知识"。

耿一童是江苏宿迁人，出生于20世纪80年代，用现在的话说，是一个"80后"。他在16岁的时候，开始学修摩托车，17岁的时候去了上海，从事牙刷推销的工作。在做牙刷推销员的过程中，他受到了无数的白眼和奚落，为了改变这一现状，提高自己的工作能力，他在下班之后经常读一些和销售有关的书籍。通过学习，他的销售技能得到了很大的提升，最后也终于有了可喜的业绩。

后来，因为一场意外，他回到了老家。不过，他并没有放弃创业，经过一段时间的考察思虑之后，他做起了烤鸭生意。为了能够把生意做好，他又专心致志地向别人学习了制作烤鸭的技术知识，同时还经常去图书馆翻阅实用性书籍。有了一定基础之后，他的烤鸭店很快就做得红红火火。一年之后，他在宿迁开了30多家烤鸭连锁店。这一年，他才20岁。

耿一童22岁的时候，加盟了雨润集团，做起了卖猪肉的生意。他利用自己所学到的知识，开创了一条非传统的营销模式，很快占领了宿迁市的猪肉一级批发市场，让整个宿迁市的饭店都成为了他的客户。

后来，耿一童在一次偶然的机会里接触了传媒业，并且很快地喜欢上了这一行，于是，他又把精力投入在了传媒业上。2007年初，耿一童26岁那年，属于他自己的传媒公司——楚源传媒公司——开张了，公司经营不到半年，资产就翻了三番。后来他的事业越做越大，成功承办了多次大型活动。现在，楚源传媒公司已经成为全国知名的文化公司。

有人认为耿一童是做生意的天才，然而事实却不是如此。他的成功，一方面来源于个人的不懈奋斗，另一方面则和他的不断学习有着很大关系。耿一童深知知识的重要性，他在创业的过程中，根据自己从事的职业有针对性的学习，以弥补自己的不足。他在学习的过程中了解了最新的世界咨询和最新的投资理财理念，同时又逐渐培养了最新的世界前瞻思想。他把学习到的东西带回宿迁，带回公司，并且把这些先进的思想和经营策略切实地贯彻到了他的企业当中。

我们希望从事一种职业，就应该以这一职业为目标，制订学习计划和学习范围。选择核心知识，能够有效做到“术业有专攻”，有助于我们快速地把工作做好。

有一个叫汤姆的美国人，在刚踏入职场的时候，他是一名贸易公司的小职员，后来又进入一家石油公司做事。不久，美国出现金融危机，汤姆被解雇了。为了糊口，他只好去石油管理工程队挖壕沟。挖壕沟的工作又脏又累，每个小时的报酬只有40美分。

后来，经济危机出现了转机，汤姆又重新回到了石油公司。这次，他的工作是在会计部门负责有关投资的文书工作。不过，他对会计工作一窍不通，很难胜任。为了能够适应这一工作，他到一所会计学校的夜间部会计科上课。因为努力，很快就取得了相应的证书。回到公司之后，他处理工作就显得游刃有余了许多。由于出色的表现，他的薪水也涨了两倍。

后来，汤姆想转行做律师，于是他就在华盛顿州立大学法律系夜间班报了名。他如期修满了学分，得到了相应的学位，并且通过了司法考试得到了律师证。汤姆深知，想要从事什么，就去努力学习什么，没有什么比知识更为牢靠。

如果没有了知识，我们也就失去了力量，更失去了在社会中立足的资本。但是，不可否认的是，现在是一个知识爆炸的时代，目前知识的数量已经远远超过了历史上任何一个时期，同时也超出了我们大脑的容量。我们在学习知识的时候，要注意分辨哪些是自己需要的，然后再有选择地去学习。这样做，既节省了精力和时间，还避免了学无所用的悲剧。

6. 知识只有被使用才会成为力量

“知识就是力量”几乎是所有人的共识。不过，这并不是说有了知识就等于拥有了力量，两者之间需要一个转化的过程——将知识运用到实践当中。学习知识的根本目的不是拥有知识，而是将它转化为解决问题的能力，变成精神或者物质的财富。我们的祖先一再强调“学以致用”，说的正是这个道理。假如一个人不懂得将知识运用到生活和工作中，他的工作能力也无法进一步提升。这样的人就好比画上的苍鹰一样，不过徒有其表罢了。

有一个人知道很多打猎的知识，于是乎就飘飘然起来，认为自己是世界上最优秀的猎手。他带着徒弟到山上打猎。到达地点之后，他不去准备弓箭，却坐在地上唾沫乱飞地讲起打猎的理论来，最终不仅一只猎物也没有打到，反而把那些猎物给吓跑了。徒弟见了之后，嘲笑他说：“你了解的打猎知识是最多的，但是却不知道怎么用，你永远不可能成为优秀的猎手！”

在职场也是如此，作为一名合格的员工，不管你拥有多么渊博的知识，如果不知道学以致用，只是纸上谈兵，就好像那个打猎的人一样，不会取得任何成绩。

古罗马的西西里岛上，有一位叫马修恩斯的捕鱼高手。他的捕鱼技术非常高，被当地人尊称为鱼王。不过，马修恩斯却有一件让自己感到非常头痛的事：他的三个儿子没有继承他的基因，捕鱼的技术非常平庸。为了提高他们的捕鱼技术，马修恩斯经常给他们讲解一些捕鱼的经验，依然收效甚微，马修恩斯也因此感到更加失望。

眼看着自己一天天老去，马修恩斯非常着急，生怕在百年之后自己的捕鱼技术会失传。他来到了罗马，向著名的智者夸乌休斯请教。

马修恩斯对夸乌休斯说：“我一直搞不明白，为什么我的捕鱼技术这么好，我的儿子们却表现得那么差呢？从他们懂事起，我就一直向他们讲述捕鱼的经验和技巧。他们非常聪明，也非常勤奋，经常坐在一起讨论怎样才能抓到更多的鱼。但是，到现在为止，他们的技术依然非常差，甚至连普通渔民家的孩子都不如。这是为什么呢？难道我做了什么错事，上天是在惩罚我吗？”

夸乌休斯听完他的诉说，问他：“在你传授给他们经验的时候，有没有让他们到海洋上去捕鱼呢？”

马修恩斯说：“这个倒没有。孩子的母亲非常疼爱他们，害怕去了海里会有什么闪失，从来没有让他们出过海。”

智者夸乌休斯笑了，接着说道：“问题就在这里了。你的孩子非常聪明，也非常勤奋。但是他们没有亲身实践过，怎么能够验证他们的技术呢？如果你一直不让他们去海里的话，即使他们有再多的知识也是用不上的，那还谈何捕鱼的能力呢？你应该把他们放到大海中去，只有浩瀚的大海才是他们真正的老师啊。”

马修恩斯顿悟，他告别了智者回到家里。第二天，就带着儿子们去海中捕鱼了。没过多久，孩子们就熟练掌握了捕鱼的技术，成为了新的鱼王。

学习知识的目的不是为了炫耀自己博学多才，而是解决生活和工作中遇到的问题。自古以来，我国就强调“学以致用”。因为只有将知识运用到实践当中，转化为解决问题的方法，才能够显示出它的力量。如果学到了知识之后，不懂得如何去运用，那些知识就会变得毫无价值可言。一个人空有一肚子学问，却不懂得如何和实践相结合的话，就会成为“书呆子”。那么，他所拥有的知识，不但不能够成为力量，还有可能成为束缚一个人发展的缰绳。假如我们不懂得理论与实践相结合，即使是皓首穷经、满腹经纶，充其量也不过是一个可以行走的书橱，此生必将难有作为。

第二章 大格局来自完善的性格力量

一个人安于现状、墨守成规、裹足不前、万事求稳，他的人生必将是平淡的。只有敢于冒险，才有可能抓住机遇，获得成功。不过，冒险不是冒进，冒进者是感性用事、不假思索、禁不住诱惑的人，是盲目地去做没有把握的事，而冒险者是在对时局和前景作出正确分析之后，抓住时机，以超出常人的勇气去拼搏。

1．敢闯才能获得无限成功

大部分这个时代成长起来的人从小接受的就是求稳教育，无论是父母还是老师，都会在我们耳边一遍遍地灌输着“做事要三思而后行”“不可轻举妄动”“没有把握的事不能去做”等观念。随着时间的推移，这种思想和做事方式就成为了我们自身的一部分。因此，在做事的时候，我们容易犹豫不决、畏首畏尾、举棋不定，也因此而错失机会。

追求“稳定压倒一切”，这种心态有其合理之处，但是，过分胆小谨慎却是不可取的，是不利于事业成功的。世界上不存在十全十美的事

情，过于谨慎，就会只看到失去的风险性，而忽略了风险背后的收获。那么，我们也就和胜利无缘了。

太郎住在日本北海道的一个小镇上。他从小就有一个梦想，希望能够看一看大海。后来，他终于有了机会，来到了海边。结果发现，大海并不像想象中的那样水天一色、万里碧波，而是迷雾重重、灰暗凄冷。他感到非常失望，自言自语地说：“大海并不好。好在我没有去做水手，如果我是一个水手的话，说不定早就葬身鱼腹了。”

这时候，太郎遇见了一位海员，就和他交谈起来。

太郎问海员：“大海里面有很多危险，你怎么会喜欢海呢？”

海员说：“大海里面虽然有很多暗礁，也会存在狂风巨浪，但是很多时候海却是明亮而美丽的。因此，我非常喜欢大海。”

太郎问：“做海员不是很危险吗？如果碰上了暗礁或者是风浪，还有生还的可能吗？”

海员笑了笑回答说：“因为我喜欢大海，所以就做了海员。当我想到大海里迷人的风景，就不会再恐惧危险了。我的家人都和我一样，只要是喜欢什么东西，就大胆去做，不会因为存在危险而放弃。”

“你的父亲也是海员吗？”太郎问。

“他以前是一名海员，不过后来死在大海中了。”

“你的祖父呢？”

“死在了太平洋里。”

“那你有没有哥哥？他现在在哪里？”

“我的哥哥死在了印度洋里。”

太郎听完之后，对海员说：“你的家人很多都死在了海洋里，你就应该引以为戒啊。如果我是你的话，就永远不会到海洋里去。”

海员又笑了，反问道：“你愿意告诉我你父亲死在哪儿吗？”

“啊，他死在了床上。”太郎说。

“你的祖父呢？”

“也是死在床上。”

海员学着太郎的口气说：“你的家人很多都死在了床上，你也应该引以为戒啊，如果我是你的话，我就永远不会到床上去。”

在懦弱者的眼里，任何事情都是存在风险的，他们一心追求稳定，不敢冒着风险去寻找自己想要的东西。对于勇士来说，风险与机遇并存，他们要为目标前进，不会被风险吓倒。

我们经常羡慕一些成功者取得的成就，认为他们是幸运的。其实，他们的幸运不是上天的眷顾，而是因为他们敢于冒险，敢于去闯。一个敢于冒险的人，能够生出巨大的勇气，在勇气的支配下，他们会主动出击。他们也因做出了常人不敢做的行动，取得了常人不能取得的成就。

恺撒在称帝之前是一名军事将领。他在领兵作战的时候，就以敢于冒险而出名。

一次，他奉命率领舰队前去征服英伦诸岛。在出发之前，他对舰队进行了检阅，结果发现了诸多问题：随船远征的士兵人数少得非常可怜，他们的武器装备也破烂不堪，将士们的士气更是非常低落。这样的军队，简直就是一群乌合之众，让他们和骁勇善战的盎格鲁撒克逊人交战，无异于以卵击石。

面对这样的情况，许多人都劝说恺撒停止这次军事行动。但是恺撒还是决定起航，当舰队到达目的地之后，恺撒又下令让将士兵们全部走下战船，并将战舰全部烧毁。做完这些，恺撒召集全体将士训话，告诉他们，如果这次战争失败的话，他们要么成为敌人的刀下之鬼，要么就葬身鱼腹。只有全力以赴、奋勇向前，才可能有生还的机会。

士兵们见状，知道只能前进不能后退，于是每个人都拼命地战斗。士兵们的奋勇拼杀，终于打败了敌人。恺撒也因为这次战争的成功，获得了极高的威望。

世界上从来没有万无一失的事情。变化着的世界带有很大的随机性，很多要素我们事先难以全部掌握，如果我们一再强调过于谨慎行事的话，就难以迈开脚步追求成功。敢于冒险，才能够在追求成功的道路上畅通无阻。

廉·丹佛说："冒险意味着充分地生活。一旦你明白它将带给你多么大的幸福和快乐，你就会愿意开始这次旅行。"冒险意味着风险，也意味着机遇。尝试才能出现无限可能，迈开脚步才能真实地感知你周围的世界。别再被谨小慎微困在一方微小的天地中，敢闯才能获得无限可能。

2. 冒险不是赌博，而是看准方向再行动

做任何事情，都不会有十成的把握。通常情况下，只要是利大于弊，我们就应该果断出击。但是，冒险并不是像很多人想象的那样，没有考虑好方法和结果就在仓促之间作出决定，在准备不足的情况下仓促上阵，只会让自己输得更惨。

有一种游戏，参加者必须出1美元，游戏的结果是有99.9%的概率你会损失100美元，有0.1%的概率你可以获得95000元。那么，你会不会参加这种游戏呢？经过调查，75%以上的人会选择玩这种高风险的游戏。理由很简单，游戏风险固然很高，但就算输了，顶多损失100美元；若赢了，就可得到95000美元的高报酬。但是长期玩下来，你必输无疑。如果参加这样的游戏，那么，你所做的就不是冒险而是赌博了。

冒险不是赌博。那些只看到利益和收获却不把风险放在心上的人，并不是成大事者。他们把诱惑当成结果，将陷阱看成机会，必将难逃失败的噩运。

职场中也不乏这样的赌徒，因为积攒了一点工作经验，就以为掌握了这一行业的全部，轻率地作出离开公司、另起炉灶的决定，开创自己的事业去了，结果损失惨重。一个人想创业是好事，但是，在没有做好必要准备的情况下就轻易地涉足，这就和赌博是一个性质，成功的机会

是很小的。

一个美术学院毕业的学生在毕业之后进入一家杂志社做了美术编辑。他的工作不过是画画插图、设计一下版面和封面之类的东西罢了。工作了一段时间后，他对这些工作已经得心应手，轻车熟路，并因此受到了同事和领导们的好评。在别人的夸奖声中，他变得飘飘然起来，认为自己已经掌握了所有的设计工艺，具有了创业的资本。他就想，与其在这里累死累活替别人创造利润，还不如自己创业挣大钱实在。于是，他从杂志社辞职出来，借钱开了一家设计工作室。开业一个月之后，他承接了一笔几十万元的装潢业务。他带着十几个人夜以继日地干起来。结果，三个星期过去了，他不仅没有赚到一分钱，反而赔了三万多元。

装潢业务有着很高的利润，但是这个年轻人为什么赔本了呢？原因很简单。同样的一笔生意，同样的条件，内行的人做会赚钱，而一个外行人做就一定会赔钱。这位大学生，虽然懂得一些设计知识，但是对做装潢生意却是外行。他不懂得什么叫作成本计算，不懂得原材料的价格，不懂得工人工资和工作室利润的分配，只是因为看到了巨大的利润就冒冒失失地干起来，盲目地和别人签下了合同，赔本也就在所难免了。

我们应该清楚冒险和赌博的区别。机会来临的时候，我们要及时地抓住，却并不是说在没有分析和思考的情况下，就急急忙忙地去做。冒进只会让机会变成陷阱。禁不住诱惑，最终结果只会让你输得更惨。

1916年，刚刚了解一些股市行情的杰克，用自己的全部家当买下了一家大型钢铁公司的大量股票。他认为，买了这家公司的股票之后，就能给自己带来发财的机会。但是，结果却证明他犯了一个致命的错误。杰克没有注意到这家公司的大量应收账款实际已成死账，而它所背负的银行债务至少要30年才能还清。最终，那家公司破产了，杰克也赔了个倾家荡产。

这次失败给了杰克深刻的教训。1929年，美国的股市一片繁荣景象。杰克准备用50万美元在纽约证券交易所买一个席位。但是，他走到交易所，一番慎重思考之后，又决定放弃这一打算。因为，他发现所有的美国人都在谈论着股票，连医生也不去工作而去做股票投机生意了。他感觉到眼下的股市繁荣可能是危机的前兆，这一现象绝对不会维持很久。于是，杰克决定将所持的股票全部抛出。

果然不出杰克所料，没多久，就爆发了美国历史上规模最大的经济危机。许多人在这次经济危机中破产，杰克幸运地躲过了这一灭顶之灾。

冒险精神是必须的，但是绝对不能冲动，更不能只看到利益而忽视风险的存在性。如果被利润冲昏了头脑，那么你所做的一切都必将是不理智的。如果你能禁得住诱惑，理性对待得失，那么，就能让行事少一些风险和失败。

冒险不能仅凭满腔热血就一头冲进去，而是要从全局考虑，作出理智的选择。只有这样，我们所冒的风险才会有价值，我们才有可能获得成功。

3. 特殊时期，“鸡蛋也可以放在一个篮子里”

在投资上，绝大部分人都主张“把鸡蛋放进不同的篮子里”。因为，多一个篮子就能多一条路，如果把鸡蛋都放进一个篮子里的话，带来的风险也就很大。著名的《财富》杂志也非常推崇这一观念，他们认为，只有分散投资才能够获得巨额财富。

无论是理财还是其他方面，“把鸡蛋放到不同的篮子里”看似都是最稳妥的选择。但是，凡事都有利有弊，如果我们过于注重多留几条路的话，恐怕就会让自己的精力过于分散，做事情的时候，就很难做到一往无前。因为有其他几个篮子的存在，我们在潜意识中就会这样想：“不要紧，即使失败了还有退路。”在这种心态的影响下，我们就会缺乏应有的激情和信心，在做事情的时候，很难做到专心致志。

其实，在一些特殊时期，“鸡蛋也可以放在同一个篮子里”。这样做的风险很大，因为一旦失手之后就会两手空空；但是反过来想，如果我们把“所有的鸡蛋都放在一个篮子里”的话，就能够集中精力、全神贯注地紧紧抓住手中的“篮子”，取胜的把握要比“把鸡蛋放在几个篮子里”要大一些。

在世界的财富史上，有许多富豪都是敢于“把鸡蛋放在同一个篮子里”的人，他们看准时机之后，没有缩手缩脚，更没有想过给自己留什么后路，正是因为他们不给自己留后路，才使得他们有了必胜的信心，把所有的精力都放在了一件事情上，并最终成就了一番辉煌的事业。

有一次，希尔顿在一家酒店里住宿。他在和别人的聊天中了解到，这家酒店的老板因为经营不善想把酒店盘出去。希尔顿认为，这个酒店所处的地理位置很好，如果能够采取好的方法来经营，一定能够赚钱。于是，他萌生了买下这个酒店的想法。当时希尔顿的全部家产只有5000美元，他四处找人借款，最后攒齐了4万美元，把这家酒店买了下来。

希尔顿接手这家酒店的时候，酒店已经是负债累累。如果经营不善的话，不但赚不了钱，还会让自己落个倾家荡产、衣食无着的下场。为了避免惨剧的发生，希尔顿将所有精力都投入了酒店的经营当中。短短几个月之后，他就把借来的钱还清了。雄心勃勃的希尔顿开始与人合作接连买下了几个别的酒店，希尔顿酒店王国越做越大。

1954年10月，希尔顿又用1.1亿美元买下了有“世界酒店皇帝”美称的斯塔特拉酒店系列。从此之后，希尔顿酒店逐渐成为全世界最有名的连锁酒店之一。希尔顿也成为了全球著名的富豪。

我国大儒孔子强调“一以贯之”，也就是说，做事不能三心二意，要一心一意、全神贯注地去做。事实上，当你把所有的精力、时间、资源都放在一起的时候，就能够产生出巨大的能量，最后会产生出惊人的效果。

中国有一句成语，叫作“置之死地而后生”，当我们已经没有退路的时候，就能够激发潜能，做到一往无前。那样的话，风险就会变成机遇。因此，如果我们渴望在一个领域内获得成功的话，就应该勇敢地“把鸡蛋放到同一个篮子里”去，用一种大无畏的冒险精神去追求它。那时，成功就不仅仅是一种渴望，而将变成我们唯一的需要。

任何领域的优秀人物，他们都是在对自己所关注的事业投入了最大的精力后，才获得成功的。当然，他们并不是一时头脑发热才作出的决定，而是在充分分析了解了情况之后作出的慎重选择。正是因为他们对胜利有所把握，所以才“把鸡蛋都放进了一个篮子里”。特殊时期，“把鸡蛋放进一个篮子里”，以孤注一掷激发斗志，这是勇敢者的冒险，也是对一个人智慧与耐力的考验。

4. 时机永远不会成熟，要敢于抓住机遇

很多人心存疑惑：为什么旗鼓相当、实力相等、处在同一起跑线上的一些人，有的获得了成功，而有的人却只能是失败者呢？难道是因为成功者的机会比自己多吗？其实，机会对于每个人来说都是一样的，它不会格外垂青哪个人，也不会随意抛弃任何人。有的人取得了成功，是因为他们能够及时抓住机遇；而有的人失败了，是因为机遇来临时他们或是忽略了，或是不敢抓住。换句话说就是，成功的人不会等到时机明

显成熟，主动找上自己；失败的人总是心存顾虑，当时机出现的时候，他们更多地关注了其风险性，不敢尝试。

有着非凡成就的人物，大多敢于抓住未满十分胜算的时机，勇于面对和承担风险。他们敢于冒险求生，最终得到了比想象中更好更多的东西。而那些一事无成的人，只想得到更多的东西，却不愿意承担一丝的风险，只是一厢情愿地等待着十全十美的机遇，难免要遭到失败。

1988年10月27日，一艘与美国海军进行军事演练的秘鲁潜水艇被日本商船无意中撞沉。船长和5名船员死亡，24人逃离了险境，还有22人随潜水艇沉入海底。这22名船员在危急关头推举老船员詹特斯为临时船长，希望他能想出办法，逃出困境。

詹特斯经过一番思索之后，决定冒险赌一把——用发射鱼雷的方法，把这些人从发射鱼雷的管道发射出去。他说出这一决定之后，许多人都表示反对。因为人被发射后，要承受巨大的压力，弄不好就会留下终生难以治愈的“沉箱病”。

詹特斯对他们说：“说实话，我没有百分之百的把握把每一个人都救出去，但是，如果不用这种办法的话，我们将必死无疑。”

这时潜艇已沉入海中33米，船员们想不到别的办法，只好同意了詹特斯的方案。詹特斯告诉大家说，在进入鱼雷管道口之前，一定要尽量地把肺里的空气排干净，否则的话肺就会像气球一样在发射中爆炸。船员们听后，都按照他的吩咐去做了。

这次发射的结果是，22个人当中除了一个人脑出血之外，都被安全地射到了海面上，躲过了生命中的一劫。

任何决定都会存在成与不成两种结果，主要看你有没有胆量去做。如果你敢冒风险，并为之付出行动，那么，就有可能换回意想不到的收获；如果你只看到不利因素，裹足不前，那么，你必将一无所获。

甘布士是美国的商业巨子。一次，他所在的地区发生了经济危机，很多商家和工厂破产倒闭，被迫低价销售那些库存的商品。价格最低的时候，1 美元竟然能买到 100 双袜子。

当时，还是一家制造厂小技师的甘布士得知这一消息之后，拿出了自己所有的积蓄用于购买这些价格低廉的商品。很多人看到之后，纷纷嘲笑他是一个没有智商的家伙。他的妻子也劝他不要购买那些廉价的东西，如果卖不出去的话，他们一家老小就要喝西北风了。面对忧心忡忡的妻子，甘布士安慰她说："等等吧，三个月之后，我们一定能够把这些廉价的商品卖个好价钱。"甘布士买的东西越来越多，就租了一间很大的仓库来储存这些商品。

十天之后，那些工厂和商店的老板们找不到买家，就把剩下的存货烧掉了。妻子看到别人在烧东西，就更加苦恼了，一遍遍地抱怨甘布士做了蠢事。甘布士只是笑眯眯的，不作任何解释。

三个月之后，美国联邦政府采取了紧急行动，稳定了当地的物价，并无偿为那些破产的工厂们提供政府贷款，支持厂商复业。这时候，当地因为焚烧的货物太多，原来生产过剩的局面变成了供不应求，几乎在一夜之间，物价就飞涨了起来。

甘布士决定此时将储存的货物抛售出去。甘布士在这次经济危机中不仅大赚了一笔钱，还为稳定市场价格作出了重要的贡献，他因此受到了联邦政府的表扬。

后来，甘布士用赚来的这笔钱开了五家百货商店，他的生意越做越大，最终成为了美国举足轻重的企业家。

甘布士成名之后，诚恳地对别人说："亲爱的朋友，只要是有万分之一的机会，我们就应该重视起来，因为它能够给你带来意想不到的成功。或许有人说，这样做和买彩票差不多，不过这种观点却是有失偏颇的，因为开奖券是由别人主持，并不决定于你的主观努力，但这种万分之一的机会，却完全可以靠你自己的主观努力去完成。"

许多人在机会来临的时候缺少勇气，总是担心失败。正是因为他们的这种心理，最终，他们才陷入了失败的泥潭。

拿破仑·希尔说："不要等待，时机永远不会成熟。"西蒙说："机会对于不能利用的人来说，又有什么用呢？"莎士比亚也说："好花盛开，就该尽先摘，慎莫待美景难再，否则一瞬间，它就要凋零萎谢，落在尘埃。"当机遇来到我们面前的时候，我们应该用积极的心态来面对，用及时的行动来把握，千万不要因为它自身存在风险而感到畏惧，眼睁睁地看着机遇从我们身边溜走。

5. 在第一时间作出决策，主动出击

有人曾经对2500名遭受过失败的人进行调查，结果显示：在31种失败的原因中，迟疑不决居于首位。另一份对数百名百万富翁成功原因的调查显示：在31种成功的原因中，处事果断占据第一。这两项调查不约而同地指向同一个结论：成功的关键之一在于是否能够在短时间内迅速作出正确决策，并及时地付诸行动。

一个经常面临失败的人，当机会出现在眼前时，总是迟疑不决，徘徊许久之后才战战兢兢地作出决定，在执行的时候也很难做到坚决果断，经常会出现拖泥带水，甚至是朝令夕改的情况。就像行走在冰面上的狐狸，他们胆小，害怕失败，结果越是害怕失败，失败就来得越快。

想要培养大格局，就要摆脱犹豫不决的性格缺陷，在第一时间内抓住机遇，作出果断的决策。只有做到了这一点，我们才有取得成功的可能。

威廉·普洛斯特是宝洁公司的创始人之一。他在31岁时来到辛辛那提寻找商机。经过调查发现，这个小城市有着非常丰富的蜡烛原材料，但是缺少高质量的蜡烛。普洛斯特小时候曾经在英国的蜡烛制作坊里干过活儿，熟悉制造高质量蜡烛的工艺。他感觉在这个地方办一家蜡烛工

厂一定大有前途。于是，他说服了自己的连襟——一家小肥皂厂的股东甘布尔，加盟他的蜡烛计划。甘布尔看到制造蜡烛有钱可赚，就从萧条的肥皂行业中退出，和普洛斯特一起经营蜡烛厂。

经营蜡烛产业让他们大赚了一笔。不过，普洛斯特认为仅仅依靠蜡烛产业并不能发大财。由于当时洗澡已经成为时尚，肥皂的需求量也随之增加。看到这一点后，普洛斯特就和甘布尔把重心转移到了对肥皂的经营上，并在一段时间后，以良好的信誉在市场上站住了脚。

19世纪中叶，制造肥皂需要以松香为原材料，而松香只能从南方购买。在美国南北战争爆发之前，普洛斯特就有了预感，于是，他立即决定斥巨资从南方购买了大量的松香，储存在库房里。后来，南北战争爆发，南方各州和北方断绝了经济往来，松香供不应求，价格上涨到原来的15倍。生产成本增加，许多肥皂厂顶不住压力，只能关门歇业。而普洛斯特的公司由于在事前做好了准备，所以仍能正常生产，最终成为了北方为数不多的肥皂生产工厂之一，生意自然越做越好。

经过准确的判断，普洛斯特能够果断作出决策，从而抓住了机会，给公司带来了巨额的利润。如果普洛斯特在当初作决定的时候犹豫不决，采取观望态度的话，恐怕美国就没有誉满全球的宝洁公司了。

成功者总是在看准机会之后就果断决策，并迅速地付诸行动。机会稍纵即逝且不会复返，你的犹豫不决浪费的不仅仅是时间，还包括本可以构建成功的事业之塔。与其徘徊犹豫，不如选择一个方向付出努力，以实践验证自己的选择。

摩根从哥西根大学毕业之后来到了邓肯的商行里任职。他工作出色，许多同事都对他叹服不已。不过，他过人的胆识和冒险的精神却经常让总裁感到心惊肉跳。

有一次，摩根去巴黎出差，住在了一家宾馆里。当天晚上，一个陌生人敲开了他的房门，问他:“听说，您是专搞商品批发的，是吗？”“是啊，您有什么事吗？”摩根说。

那个陌生人回答说:“是这样的，我有一件事需要您的帮忙。我有一船咖啡需要立刻处理掉。这些咖啡原来是一个咖啡商人的，但是后来他破产了，没钱支付费用，就将这船咖啡抵了债。但是，我对经商一窍不通，您能不能买下这一船咖啡？当然，这船咖啡的价格非常便宜，只是别人价格的一半……”

摩根问道:“这事很着急吗？”

“是呀，如果不着急的话我也不会以这么低的价格出售了。”对方一边说一边拿出了咖啡的样品。

摩根看了一下样品，就对他说:“好吧，我现在就买下你的咖啡。”

他的同伴在一旁听完他们的对话之后，就对摩根说:“先生，这样的价格是少有的，样品也不错，但是，您想过没有，您能保证那一船的咖啡质量都是一样的吗？”

摩根笑了笑，说:“放心吧，尽管我们商行以前上过当，但是这次我敢保证绝对不会受到欺骗了。我相信自己的眼力。如果我们再犹豫的话，恐怕这笔大买卖就会被别人给抢走了。”

后来，邓肯听说了这件事，顿时十分恼怒，他认为摩根这样做很鲁莽，是拿着公司的前途开玩笑。邓肯责令摩根把那批货退掉，并且警告他说："如果你不退货的话，损失就由你自己一个人承担！"摩根没有听邓肯的话，两个人因此决裂。

摩根借钱还上邓肯公司的咖啡款之后，又在卖咖啡人的介绍下，买进了几船咖啡。在摩根买下这批咖啡后不久，巴西的咖啡由于遭到霜灾而大幅度减产，价格上涨了好几倍。摩根适时地把囤积的咖啡抛售出去，最终赚了个盆满钵满。

曹操曾说："夫英雄者，胸怀大志，腹有良谋，有包藏宇宙之机，吞吐天地之志也。"一个成大事的人必须要具备果断的决策能力。只有在关键时刻果断抉择，才能够实现吞吐天地之志。当机会来临的时候，犹豫不决、顾虑重重，只能让你错失良机。与其事后后悔，不如在第一时间内作出决策，为自己赢得成功的机会。

6. 方向不对，就要学会放弃

在走向成功的道路上，我们需要坚持不懈的精神、敢于冒险的勇气。不过，这些精神和勇气的前提是明确了正确的方向。只有选对了方向，我们的努力才会有价值，我们的付出才可能有收获。否则，我们的

坚持和勇气都将变得毫无用处，甚至还会让事情的结果朝着相反的方向发展。

地球的最北端是一片茫茫的雪原。在这一片白茫茫的荒地中，找不到任何形式的路标，探险家们来到这里，只能利用随身携带的测量仪器辨别方向。

一支探险队伍准备去北极考察。他们每行走一个小时之后都要停下来看一下地图，以便为下一步的探险制定准确的行走路线。这一天，他们从营地出发，按照测量仪器指出的方向，朝着北极行进。几个小时之后，他们发现了一个非常奇怪的现象：仪器显示，尽管他们一直朝着北极的方向进发，但却离北极点越来越远了。

队员们认为，这只不过是仪器出现毛病罢了，并没有把这件事放在心上，继续朝着目标前进。一个小时之后，他们再次拿出测量仪器读取数据，结果发现他们距离北极点更远了。这下子，探险队里引起了一阵骚动，他们仔细地检查了仪器，没有发现什么不对的地方，他们也确信自己是一直按照仪器上的指示行走的，但是为什么离目标越来越远了呢？

队员们对此感到十分不解，只好停下来思考。后来，他们终于发现，原来不是仪器出现了毛病，而是他们踏上了一座正在向南漂移的巨大冰川，冰川漂移的速度比他们步行的速度要快得多。因此，尽管他们一直朝北走，但是却因为脚下踏错了地方而和目标越来越远。

很多人的脑海里抱着“有志者事竟成”“狭路相逢勇者胜”的教条不放，觉得只要付出坚持和努力，用无所畏惧的精神去做事，就一定能够获得成功。但如果在选择方向上出现了问题，再怎么努力都是徒劳的。

这个时候，我们就应该放弃那些坚持不懈、敢于冒险之类的豪言壮语，及时调整方向，以求止损。只有这样做，你才能够为下一次的成功保持精力和体力。一意孤行，不撞南墙不回头，不是智者所为。

有两个蚂蚁想翻过前面的一堵墙，寻找墙那边的食物。这一堵墙有几十米高。其中一只蚂蚁来到墙前不假思索地就爬了上去。但是，它爬了不到一半的时候，就因体力不支而跌落下来。但是，这只蚂蚁毫不气馁，它认为只要坚持不懈，就一定能成功。于是，它迅速调整了自己的状态，再次向墙上爬去。结果，它一次次地从墙上摔下来，又一次次地重新爬墙。

另一只蚂蚁看到它这个样子，觉得没有必要再去冒这个风险，就放弃了爬墙的打算，决定绕过墙去。很快，这只蚂蚁绕过墙来到食物面前，有滋有味地享用起来；而另一只蚂蚁已经累得筋疲力尽，却还在重复着爬墙的动作。

我们需要冒险精神，但是，面对一些必败无疑的东西，果断放弃才是明智的做法。前面已经是死胡同了，即使你付出百倍的努力最终也是劳而无功。

生活存在着很多诱惑，我们应该理智地看待这些诱惑，静下心来仔细地想一想追求这些东西是不是值得，冒这样的风险是不是划算。如果发现这些东西不值得我们冒险，就应该果断地选择放弃。只有这样，我们的时间和精力才能得到有效的保护，成功才能少走一些弯路。

方向不对，请及时放弃。明智的放弃，不是懦弱，更不是无能，而是一种人生的大格局、大境界。

7. 想掌控未来，就要对未来有所预见

孔子说："凡事预则立，不预则废。"想要拥有一个好的未来，就应该对未来有好的规划。良好规划的基础就是拥有预见未来的能力。换句话说，就应该高瞻远瞩，从现实出发，经过认真的观察和思考，对时代的发展作出正确的判断之后，再作出合乎社会发展规律的、有预见性的决定。

1945 年，第二次世界大战结束。战争留下来的大量物资都被当作废品处理了，没有人对这些东西产生兴趣。然而，郭芳枫却触角敏锐，他认为：新加坡是全球重要的港口，战后恢复通航的话，很多国家的轮船一定要经过这里。那些商船一定会从新加坡购置大量的生活用品或者是进行船务的维修。这些被当作垃圾处理掉的物资，到时候也一定会大有市场。想到这一点，郭芳枫作出了一个决定：筹集资金，大量购买被

当作废品处理的物资。

果然，各国航船来到新加坡后都大量购买物品，因为供不应求，那些当初被人们视为废品的物资顿时身价百倍。郭芳枫因此获得了巨额的利润。后来，郭芳枫成立了丰隆有限公司，下设六家分公司，一下子成为资金雄厚的商业集团总裁。

初战告捷的郭芳枫雄心勃勃地开始了下一步行动。经过对当时国际形势的认真分析，他对房地产和建筑材料产生了浓厚的兴趣。丰隆有限公司成立后的第一件事就是寻找有发展前途的地皮，之后用极其低廉的价格买下来。几年之后，正如郭芳枫所预料的那样，新加坡的地皮价格一夜之间涨了数十倍，他廉价买进的地皮利润打着滚地向上翻。同时，房地产行业的发展增加了对建筑材料的需求，郭芳枫投资的水泥厂等建材工业也赚了不少钱。丰隆公司也随着资本的不断累积成为新加坡的实业巨头。

郭芳枫是14岁从福建省走出来的农民子弟，经过自己的奋斗，成为了新加坡赫赫有名的巨富。创造这一奇迹，郭芳枫的诀窍是："做生意要有远大的目光，要适应时代的需要。"这句话听起来有些平淡无奇，实际上却包含着非常深刻的道理：未来就掌握在你的手中，只要你能够对它作出正确的预见，就一定能够成为未来的弄潮儿。

戴高乐说："眼睛所到之处，是成功到达的地方，唯有伟大的人才能成就伟大的事，他们之所以伟大，是因为决心要做出伟大的事。"一个人要想成就一番大的事业，没有远见是不行的，站得高，看得远，拥

有深邃的思想和广阔的视野，按照既定的目标，坚持不懈，到最后，他才会获得成功。

一百多年前，美国穿越大西洋的一根电缆线出现了破损，需要更换。通过政府文件和报纸的宣传，美国的每一个公民都知道了这件事情，他们对此的反应很平静，觉得没有什么大不了的。但是，一个不起眼儿的珠宝行小老板却觉得这是一次难得的机会，并花重金买下了这根报废了的电缆线。

别人对他的做法感到不解：报废的电缆线能有什么用，小老板是不是脑子进水了，作出这样大胆而又愚蠢的决定？

面对众人的质疑，小老板表现得很沉默。他将那根报废了的电缆线仔细地清洗了一遍，然后又把它剪成一段段的金属段，装饰起来，作为纪念物摆放在小店里出售。

那根破损无用的电缆线后来成为大西洋底的电缆纪念物，顿时身价倍增，人们争相前来购买。小老板也因为这根电缆线发了一笔财。

后来，他又买下一位皇后的一枚钻石。这枚淡黄色的钻石闪烁着迷人的光彩。别人觉得他是要收藏这枚钻石，等时机成熟之后再高价卖出。但是小老板却并没有这样做，他举行了一个首饰展示会，重点展示皇后的钻石。消息传出后，慕名而来的观众几乎踏破了展示会大厅的门槛，争相一睹这钻石的风采。这位小老板仅靠门票的收入就赚到了大笔的钱财。

这位小老板的名字叫作查尔斯·刘易斯，他是一个磨坊主的儿子，后来成为美国赫赫有名的“钻石之王”。

有人说，查尔斯·刘易斯是一个经商的天才，善于抓住机会。其实，机会是每个人都能抓住的，只不过别人是从眼下的角度去考虑问题，而刘易斯却能够把目光放得长远，对未来有很好的推测和预见。

要想成功就应该付出行动，不过，行动是受理念指导的，不同的理念会产生不同的行动，不同的行动也会产生不同的结果。心有大格局的人，都具有长远的目光，他们能够立足当前，对未来作出准确的判断和预测，并采取了果断的行动，最终才赢得了成功。要想获得非凡的成就，就应该学着培养预见未来的思维力。

第三章 大格局来自积极的处境改变

一直停留在狭小的空间里，我们的才能很难得到发挥，所取得的人生成就也十分有限。因此，要做大人生格局，就应该选择一个有利于自己发展的平台。这就要求我们定好位，不能让自己成为一个只被选择的人；跟对人，离开没有前途的老板；主动表现，争取更大的发展空间；调整心态，不能因环境而怨天尤人、放任自流。

1. 远离安逸但僵化的工作

有些人尽管年富力强，能力出众，但是却缺乏激情，对人生没有目标。他们从事着安逸但是没有前途的职业，过着“一杯茶、一支烟、一张报纸看半天”的日子，每个月月底都能领到一笔固定却只够维持日常开支的薪水。有时候，他们也会觉得这样做是在浪费人生，想去外面闯荡一番，但是想到舍弃这悠闲的生活，他们又有些不舍和担心。他们在犹豫中选择了继续留在原地，为了安慰自己，他们常说一些“知足常乐”的话，一遍遍地告诉自己：平平淡淡才是真。

在这个瞬息万变的时代，拥有一份稳定的职业早已不再让人羡慕。这样的状态虽然安逸，却容易陷入僵化，是不利于个人的长期发展的。别再用追求平淡掩饰你的懒惰，我们应该抛弃好逸恶劳的心态，勇敢地走出去，只有远离那些虽然安逸但又僵化的工作，我们才能更好地融入这个时代中去，为我们的人生谱写壮丽的篇章。

尤勇大学毕业之后，依靠父辈的关系，来到家乡县城里一家国有企业上班。这家国有企业是受政府领导，企业员工的工资不是从企业的利润中出，而是由县财政局直接发放。因此，员工在工作的时候都是懒洋洋的，没有一点紧迫感，更没有竞争意识。大家都认为“大树底下好乘凉”，心安理得地按时拿着财政局发放的工资。尤勇来到这家单位后不久，也变得和那些老工人一样，认为这份工作虽然薪水不多，但是轻松，并且旱涝保收。他对眼下的差事感到满意，也就开始不思振作，每天靠打游戏、读小说打发日子。

几年后，“噩运”突然降临。由于县财政出现危机，领导们经过商量之后一致决定，甩掉政府背上的包袱，对那些不能创造效益的国有企业实施破产政策，让那些国有企业的员工们自寻生路。消息传来，许多职工都觉得天塌了下来，因为他们已经习惯了这样碌碌无为的生活，从来没有想过有朝一日自己会下岗！但是，政府已经作出了决定，谁也改变不了。最后，尤勇不得不和那些职工们一样愁眉苦脸地离开了单位，未来该如何，尚未可知。

有人在选择职业的时候经常说“稳定压倒一切”，只要拥有稳定的收入就是好工作。这种想法是不可取的。面对那些安逸但又僵化的职业，我们不能抱残守缺、安于现状，而是要积极改变，让自己投身到竞争的舞台中去。只有这样，我们才有可能不被这个社会所淘汰。

2. 离开没有前途的领导者

俗话说：“良禽择木而栖，贤臣择主而事。”优秀的人才，只有跟随优秀的领导者才能最大限度地发挥自身的才能。如果选择了一个不懂用人、不会管理的领导者，哪怕你有定国安邦之才，经天纬地之能，恐怕也无法摆脱失败的命运。

自古以来，许多杰出的人才都是因为选对了领导者而取得了成功，比如姜子牙与周文王，诸葛亮与刘备等；也有一些人虽然有着超乎常人的才能，却因为选错了追随者而壮志难酬，以致是赔上了身家性命，比如比干与纣王，田丰与袁绍等。

假如说，打工者是一条蛟龙的话，那么领导者就应该是可供其纵横驰骋的水。只有水阔万里，龙才能腾云驾雾，如果这潭水深不过三尺，方圆不过数里，不仅不能为蛟龙提供发挥才能的平台，还会让这条龙遭到“龙游浅水遭虾戏”的悲惨下场。

选择领导者并不仅仅是选择薪水那么简单，更重要的是看我们能否从领导者那里学到更多的东西，以及他能否为我们提供施展才华的平台。从好的领导者那里，我们可以锻炼更多的能力，学到更多的经验，对工作和生活也能多一份信心。反之，我们不仅在能力和经验上得不到任何提升，还会产生悲观失望的情绪，以致自暴自弃。

那么，什么样的领导者是没有前途的，是不值得我们跟随的呢？大致说来，有以下几种：

（1）喜欢轻易许诺

老子说“轻诺寡信”，一个喜欢轻易许诺的领导者必定爱说空话，他们作出的种种许诺往往都是空头支票。选择这样的领导者，不仅会让你没有安全感，时间久了，还会在不知不觉间受到他的影响，出现爱说空话的习惯，影响自身诚信。

（2）鼠目寸光

一个人需要远大的目标和长远的打算，对于一家公司而言同样如此。假如，你的领导者是一个鼠目寸光的人，只注重眼前的利益得失，忽略企业的长远发展，那么他们往往不懂取舍、不分轻重，最后很可能会落个鸡飞蛋打的下场。如果你投靠在这样的领导者麾下，前途堪忧。

（3）急功近利

这样的领导者有一个共同特点：缺乏耐心，性格急躁。他们做任何事情都希望能够在最短的时间内见到成效。如果短时间内达不到预期效果的话，他们还会朝令夕改，打乱你的计划。你只能跟在他的后面手忙脚乱地收拾残局。

（4）没原则

这样的领导者尽管为公司制定了一些规定和条款，但是他们却不带头执行。企业在其领导下必然管理混乱，容易出现相互推脱责任等现象。

（5）事必躬亲

这样的领导者很勤奋，也很敬业。不过他们却把自己当成了员工，公司里的工作，事无巨细都要亲自过问，他们常常会以此为荣。实际上呢，这正说明了领导者不懂得经营之术，缺乏管理经验。一个人的精力和能力毕竟有限，如果什么事都自己作决定，难免会给决策带来很大的风险。在这类领导者手下工作，员工缺乏发挥才能的机会。长此以往，不仅无法获得成长，还会养成不负责任、依赖心太强的习惯，对将来的发展有百害而无一利。

（6）性格多疑

这种领导者往往对员工不信任。哪怕你对公司做到了尽职尽责，常常为了工作而废寝忘食，他们也会觉得你做得还不够，即使是你把工作做到了尽善尽美，对公司的决策能够提出合理的建议，他们也会觉得你别有用心，进而否定你的工作或者建议。跟随这样的领导者，员工每天战战兢兢，工作起来更是心神不宁。

（7）嫉贤妒能的老板

这样的领导者通常是心胸狭隘之人。如果你在一些方面的工作能力比他强的话，他们就会觉得自己的权威受到了挑战，于是想方设法地挣回自己的面子。在职场中，嫉贤妒能的领导者并不太多，假如不幸被你遇到的话，不要犹豫，果断地选择离开。和这样的领导者在一起工作，不仅得不到重用，还要花费心思在工作之外的相处上，劳心劳力。

3. 主动表现，增加自己“曝光”的机会

“桃李不言，下自成蹊”，很多人觉得，只要自己具有了真才实学，就一定能够获得他人的欣赏和重用。因此，他们过多地重视才能的培养，却忘记了为自己争取表现的机会。长此以往，他们难以找到一个可供发挥才能的平台。

静下心来想一想，三顾茅庐、待价而沽的故事是少之又少的，一直等待着别人主动为你提供发展平台，其实是犯了守株待兔的错误。现如今，想要让自己得到重用和欣赏，就不能一直消极被动地等待，而是要主动表现自己，为自己增加“曝光”才能的机会，如此才能赢取更多发挥才能的空间。

唐朝诗人陈子昂年少聪颖，读书过目不忘，少年时离家，只身来到京城长安，以求功名。然而，到了长安之后，人生地不熟，也没有机会结交友人，自己的才能根本无人知晓，因此终日郁郁寡欢。

有一天，陈子昂来到大街上，看见一位卖古琴的人索价百万，很多豪门子弟、文人学士都在议论古琴价值，但是没有一个人肯花重金买下。

这时候陈子昂走上前，十分爽快地买下了那把古琴。围观的人见此都感到非常吃惊，纷纷问他原因。陈子昂高声回答说："此琴名贵，我又善操此琴，所以就下狠心花高价把它给买下来了。"有人问："你愿意用此琴弹奏一曲，让大家欣赏一下吗？"陈子昂回答说："当然可以，各位若有兴趣，明天中午请到宜阳里来，到时候我定会为诸位献上一曲。"

这个消息一传十、十传百。第二天，很多豪门子弟和文人学士都齐聚宜阳里，只见欢迎宾客的酒席已经摆好。陈子昂向众人敬了一杯酒，又环视四周，高声说道："在下陈子昂，乃蜀中文士，写了不少诗文，自信皆为呕心沥血之作，只因初到贵境，不为人知。现于操琴之前，特为各位朋友朗诵拙作一篇。"

陈子昂有着深厚的文学功底，在朗诵上也毫不含糊，等他读完自己写的东西之后，全场发出了阵阵的叫好声。这时候，陈子昂却变得沉默了，等别人都安静下来之后，他长叹一声说道："弹琴只不过是一种娱乐消遣，并非我们文士心之所系。这琴虽名贵，对我究竟有什么作用呢？"说完，当场将古琴摔碎，随后将自己印好的诗文遍赠宾客。一时间，陈子昂的豪举和他的文名传遍京城长安，他的诗文亦为世所重。

莎士比亚曾说："聪明人会抓住每一次机会，更聪明的人会不断创造新机会。"著名剧作家萧伯纳也曾经这样说："征服世界的将是这样一些人：开始的时候，他们试图找到梦想中的东西。最终，当他们无法找到的时候，就亲手创造了它。"拥有足够实力的人，还要善于把握机会，懂得及时"曝光"自己，让他人发现你的才能。

世界著名男高音帕瓦罗蒂来到中国中央音乐学院访问。中央音乐学院的学生得知这一消息后，都急切地盼望着能够在他面前一展歌喉。在音乐学院的一间教室里，帕瓦罗蒂挨个听着大家唱歌，一言不发。正在他听的有些疲惫的时候，窗外突然传来了一曲《今夜无人入睡》。帕瓦罗蒂听毕，高兴地说道："这个学生的声音像我。"然后他又对音乐学院的陪同人员说："这个学生叫什么名字？我要见他！并收他做我的学生！"

这个在窗外唱歌的男孩叫黑海涛。他来自陕北地区，因为某些原因，他没有资格去见帕瓦罗蒂，就选择了这样的一个方式展示自己的歌喉。

后来，黑海涛在帕瓦罗蒂的安排下出国深造。1990 年，意大利举行世界声乐大赛，正在奥地利学习的黑海涛写信给帕瓦罗蒂表示想参加此次比赛，帕瓦罗蒂接到信之后，就向大赛主办方推荐了他。黑海涛在这次大赛中获得了比较优秀的成绩，音乐界从此也记住了他的名字。

黑海涛的成功源于自身的努力，同时又和他敢于表现自己的勇气密不可分。古语说："美玉藏于深山，人不知其美；黄金埋于地下，人不知其贵。"一个人如果不懂得表现自己，即使有着经天纬地之才、定国安邦之能恐怕也无法得到他人的重视，他的价值也将无法得到体现。尤其是生活在这样一个人才济济、竞争激烈的时代，我们更应该抛弃"酒香不怕巷子深"的思想，主动积极地表现自己、"曝光"自己，要让别人欣赏自己。唯有如此，你才能不断开拓人生平台，进而开创人生的大格局。

4. 周围的环境，不是你低层次定位的借口

人们的生存和发展离不开环境。每个人都渴望得到一个比较有利的外部环境，渴望拥有比较好的发展平台。不过，好的环境是可遇不可求的，诸多客观原因的存在，导致我们没有办法自主选择。面对不如意的环境，有些人感到非常痛苦，认为自己的贫穷是上天注定的，没有办法改变的。所以，他们不敢给自己较高的定位，他们认为成功和胜利只能存在于幻想当中。最终，他们选择了碌碌无为的人生，把自己定格在了失败者的行列。

不好的环境的确会对我们产生一些负面的影响，但是这一影响却是有限的。一个把环境当成低层次定位的借口，并因此而自暴自弃的人，只不过是软弱无能罢了。事实上，许多大人物的成功，并不是因为他们的出身环境多么优越，也不是因为他们的运气格外受上天恩惠，而是因为他们的思想意识没有受到环境的束缚，他们没有因为环境的不如意而放弃自己崇高的人生目标。

克莱恩是古希腊时期的奴隶。在他生活的那个时代，奴隶只是人们的一种劳动工具。法律规定，除了自由民之外，像他这样的劳动工具是不准从事和追求艺术的，否则就要被宣判死刑。然而，克莱恩却没有被

这不公正的法律吓倒，他以狂热的心崇拜着艺术和神圣的美，并决心要让自己的雕塑作品得到伟大的雕塑大师伯利克里的肯定。

在姐姐的帮助下，克莱恩把自己的工作放在了家里的地下室进行。姐姐为他准备了两盏油灯和足够的食物。地窖里阴暗、潮湿，缺乏氧气，但是为了自己心中的艺术，克莱恩什么样的困难都能克服。

时隔不久，所有的希腊人都被邀请到雅典参观一个艺术品的展览。这次展览在当地的大市场上举行，由伯利克里亲自主持。所有伟大的艺术巨匠的作品都被陈列于此。在琳琅满目、美不胜收的艺术珍品中，克莱恩的作品显得尤为出类拔萃、卓尔不群，它是那么地精美绝伦，仿佛就是阿波罗本人凿刻出来的。他的作品成了人们瞩目的中心，所有人都在其摄人心魄的艺术之美前心荡神怡、赞叹不已，就连那些参与竞争的艺术家也都心悦诚服、甘拜下风。

如果说环境能够决定一个人一生的话，克莱恩是绝对不会成为艺术家的。他没有因为自己的奴隶身份而自暴自弃，放弃崇高的理想，更没有因为环境的不利而给自己一个低层次的定位，正是这种不服输的精神，最终让他的名字永远地刻在了世界美术史上。

有人可能觉得，克莱恩是伟人，自己只是一个普普通通的人，没有资格和这位伟大的艺术家相比较。其实，在我们的现实生活中也存在着很多这样的例子。

有一个小男孩，他出生在贫困的西部山区。上高中之前，他没见过汽车，也不知道什么叫电视，上大学之前，他不知道什么叫手机，不知道什么是名牌，更不知道什么叫麦当劳、肯德基。他生活在一个贫穷闭塞的环境里，他的祖辈父辈都在这样的环境里生活了一辈子。不过，这个小男孩不愿意重复身边人的生活，他发誓要通过自己的努力走出大山。

在他上高二的那一年，父亲病逝。为了照顾体弱多病的母亲和年幼的妹妹，他想到了退学。当他把这个想法告诉母亲后，他的母亲狠狠地抽了他一个耳光，骂道："我没有你这个不争气的儿子！你还记得你小时候说过的话吗？你太让我失望了！"他看着瘦弱的母亲，心里暗暗发誓："一定要走出大山去，实现儿时的梦想，让母亲过上幸福的生活！"

男孩没有辜负母亲的期望，一年之后，他考上了省城里的一所重点大学。四年的大学生活中，男孩只回过一次家，每逢寒暑假都在城市里做兼职。回家的那一次，他用打工挣来的钱为母亲买了一件上衣，当母亲穿上儿子买的衣服，全家人忍不住抱头痛哭。

大学毕业之后，他以优异的成绩进入一家科研公司工作。他认真的工作态度，出色的工作业绩，得到了上司的赏识。几年后，不满足于现状的他毅然从公司辞职，独自出来创业。依靠丰富经验和不怕苦累的态度，3年后，他的公司资产已经超过千万，员工超过200人。

对于心有大志的人来说，恶劣的环境不是阻碍他们成功的枷锁，而是他们前进的动力。影响事业的绝对不是环境，而是一个人的心态。

古人说："老当益壮，宁移白首之心？穷且益坚，不坠青云之志。"

我们绝不能因为环境的原因而丧失斗志，失去目标，也不能以环境为借口懒散度日，而是要坚定不移地为了远大的目标而奋斗。只有突破环境的障碍，才能够拥有美好灿烂的明天。

5. 可以贫困，但不能屈服于贫困

自古以来，不乏信奉“生死有命，富贵在天”的宿命论思想之人。他们认为，一个人的贫困与富有，都是冥冥之中上天的安排，依靠个人的力量很难改变。现如今，仍有不少人抱有这种生活态度。他们不思进取，屈服贫困，并且美其名曰“安贫乐道”。实际上呢？他们并不是看淡世俗、视功名利禄如浮云的人，只是一些胸无大志、懒惰而又无能的人罢了。

一个贫困的人一旦苟安于贫穷，就会失去人生追求，“安贫乐道”对于他们来说，不是真正的追求，只是一种掩饰无能和懒惰的借口。富兰克林曾经说过：“贫穷本身不可怕，可怕的是自认为命定的贫穷，或必须老死于贫穷的心念。”一个人的贫穷，并不是上天的安排，而是他在意识中将自己视为穷人，对于美好的生活，只是羡慕却从来不敢想象拥有。在行动上，他们觉得自己不具备成功的条件，也缺乏相应的机会。受这种错误思想的支配，许多人碌碌无为地度过了自己的一生，他们出生的时候一无所有，生命结束的时候，同样一无所有。

一位亿万富翁到西南山区的一个贫困村考察。当他看到当地一户贫困人家吃饭的情形时，不禁潸然泪下。原来，这户人家吃饭用的碗竟然是最原始的劣质的陶器，让他更加吃惊的是，全家人在吃饭的时候直接用手抓，根本没有筷子！这位富翁在震撼之余产生了同情之心，决定给他们物质上的帮助。可是，当他从屋里走出来的时候，却突然改变了主意。因为他发现这户人家门前的空地上就长着非常适合做筷子的竹子，他一走出门就看见了，更何况日日生活在这屋里的人呢？

一个生活困顿的人如果不愿意付出努力，他永远只会在贫困线上苦苦挣扎。他们觉得命运如此，其实这一切不过是他们自己种的因、结的果。人无法选择家庭出身，但是，贫寒的家庭出身并不妨碍我们去选择致富的道路。放任自己，终将一事无成；自甘低下，对美好的生活不抱以希望，任谁也无法拯救。

荣恩出身于美国一个黑奴家庭，他们一家都过着非常贫穷的生活，不过荣恩却不愿意一辈子受穷。他的母亲知道后就鼓励他说："荣恩，我们不应该贫穷！我们的贫穷不是由上帝安排的，而是我们家庭中的任何人都没有产生过出人头地的想法……"

我们的贫穷是因为我们从来没有想过富裕！这个观念深深地印在了荣恩的心里，他发誓要通过自己的努力来改变贫困的现状。

为此，荣恩做了 12 年的洗涤用品推销员。在这 12 年里，他得到了许多客户的尊重和赞赏。几年后，荣恩不仅成为这家洗涤用品公司的股东，同时也在其他9家企业拥有了股权。荣恩通过自己的努力，改变了贫穷的家庭条件，扭转了家族的命运。

后来，荣恩在受邀演讲时经常说这样一句话："虽然我不能成为富人的后代，但我可以成为富人的祖先。"

很多人会说："我并不是没有发财致富的想法，但是这样的出身环境，不能给我提供一个发展的平台。"英雄多出草莽，很多取得辉煌成就的人士生来并不比别人多多少东西，甚至在家庭条件上还远远不如一般人，但是他们却没有被贫穷吓倒，也没有因为一时的贫困而自暴自弃，他们选择通过自己的努力改变境遇，最终实现了梦想。实际上，人一旦有了脱离贫困境地的想法，就会有改变贫穷生活的实际行动，通过不懈的坚持，最终一定能够获得成功。

有很多成功者都出自农村或者小城市的家庭。贫穷不是错，贫穷更不是逃避的理由，人穷志短才是最可悲的事情。我们可以贫困，但是却不能放任贫穷。无论处在什么样的环境下，我们都应该保持积极向上的心态，以积极行动取代怨天尤人。只有做到了这一点，人生才不会虚度。

6. 做适应环境者，然后做强者

当客观环境无法改变时，你会选择知难而退，还是以愚公移山的精神力求改变环境？

知难而退是软弱的表现，这种生活态度是我们应该抛弃的。然而，愚公移山的精神也并不完全可取，毕竟，人的精力和能力都是有限的，将大量的心血都用在了改变环境上，往往会造成徒劳无功的结果。

客观环境是不会受人的主观意识支配的，并且在短时间内也很难加以改变。面对这样的现实，我们既不能始终抱着“改变环境”这样不切实际的幻想，也不能轻易放弃自己的人生追求。既然客观环境无法改变，不如顺应环境要求，主动改变自己，改变对客观环境的认识和态度，变被动为主动，在适应环境的基础上，逐步地将事业做大做强。

威廉·怀拉是美国著名的职业棒球明星，他在40岁的时候因为身体的原因不得不离开棒球队另寻出路。怀拉想去保险公司做推销员，他觉得以自己的知名度应该能胜任这份工作。然而，事情并非像他想得那么简单。保险公司的人告诉他说：“怀拉先生，做保险业这一行必须要笑容可掬，可是您做不到，很抱歉，我们不能录用你。”

遭到拒绝之后的怀拉并没有放弃，而是下决心开始苦练笑脸。

怀拉每天都在客厅里放开声音笑上很多次，这让邻居们对他产生了误解，觉得他因为事业受到了刺激，变得精神不正常。好心的邻居们纷纷赶来安慰他，怀拉对此哭笑不得。为了防止邻居们再次误解，他就把自己关在了卫生间里进行练习。

有一次，他在路上非常自然地笑着和一个熟人打招呼。对方惊讶地说："怀拉先生，几日不见，您的变化真大啊，和以前相比简直就是判若两人了！"听到熟人这样说，怀拉就有了再次去应聘的信心。

保险公司的人对他的笑容给予了高度的评价，但是又说："尽管您的笑声十分爽朗，笑容也很亲切，但看起来却不是发自内心的，我们还是不能录用您。"

怀拉并没有气馁，回去之后继续进行了一段时间笑容的练习，最终终于被成功录取。

后来，这位曾经的棒球明星成为了全美最出名的保险推销员之一，年收入超过了百万美元，这些成就与他那不可抗拒的笑容密不可分。

保险公司的职业要求是不可以改变的，要想成为保险公司的员工，就应该去适应该公司的规定。怀拉不能改变公司的规定，只能从改变自身做起。他凭借自身的努力，终于应聘成功，并在保险业有了一番作为。

实际上，某些客观条件对我们来说可能会有一些不尽如人意的地方，但是它的存在也必然有其合理性，并且这种存在在短时间之内依靠个人的力量是无法改变的。既然如此，面对客观环境中存在的不如意之处，与其费尽心思、努力改变，不如主动地迎合它、适应它。

对于人和环境之间的关系，达尔文的一句话最能说明问题：物竞天择，适者生存。一个人只有主动地适应外部的环境，才能让自己由被动转化为主动，让人和环境形成一种良好的互动关系，从而将客观环境的不利因素变为有利因素，推动自己更好地走向成功。

在英国威斯敏斯特教堂地下室，一位牧师的墓碑上刻着这样一段话：

当我年轻自由的时候，我的想象力没有任何局限，我梦想改变这个世界。

当我渐渐成熟明智的时候，我发现这个世界是不可能改变的，我将眼光放得短浅了一些，那就只改变我的国家吧！

但是我的国家似乎也是我无法改变的。

当我到了迟暮之年，抱着最后一丝努力的希望，我决定只改变我的家庭、我亲近的人——但是，唉，他们根本不接受改变！

现在在我临终之际，我才突然意识到：如果起初我只改变自己，接着我就可以依次改变我的家人。然后，在他们的激发和鼓励下，我也许就能改变我的国家。再接下来，谁又知道呢，也许我连整个世界都可以改变。

这是前人对我们的劝诫，也是生活在这个世界上必须有的清醒认知。一个人可以胸怀大志，将影响环境、改变环境作为自己奋斗的目标。但这一切必须以适应环境为前提，只有适应了环境，才能被环境所容纳。在适应环境之后，你才可以通过自己的努力和奋斗来对环境施加影响。先做环境适应者，然后再做强者，这一顺序不能打乱。

第四章 大格局来自卓越的强项突破

三百六十行，行行出状元。做什么事情不重要，最重要的是要做自己擅长的。选择了擅长的行业，做起事来往往能事半功倍。反之，假如我们从事的是与自己的性格、特长完全不相符的行业，做起事来就会感到能力不足，受到限制，长此以往必将失去激情，以致失败。

1. 读懂自己，认清自己的长处

这个世界上最困难的事情就是认识自己。有的人自高自大，有的人妄自菲薄，究其原因，是对自己的认识产生了偏差。他们要么过分地夸大了自己的优点和能量，要么就是过分地夸大了自己的缺点和不足，这些态度都是不可取的。想要做到扬长避短，首先要对自己有理性且全面的认识。寻找适合自己的发展道路，制定符合实际的目标，这一切都要以认识自己为基础，认清自己的长处，才能在奋斗的路上事半功倍。

梅艳芳一出现在电视屏幕上，就给人们留下了极其深刻的印象。她那张稚嫩纯真的脸和一头飘逸的秀发以及低沉的嗓音，形成了她独具特色的魅力，她也凭借其魅力一举夺得香港新秀的桂冠。当时，人们对她的褒贬不一，有人认为她是徐小凤第二，有的人却认为她长得太丑。不过，梅艳芳没有因为别人的褒奖而忘乎所以，也没有因为别人的贬低而自暴自弃，而是坚持走自己的道路。到了20世纪八九十年代，她的名字红遍了大江南北，她的故事也成为演艺圈的一个传奇。

认清自己的长处，就不会被外界的舆论和压力所困扰，懂得自己的长处，就能够让它为自己的人生增值。梅艳芳深深地懂得这一点，她在演艺圈的几十年里，能够为自己的长处和社会需要找到一个正确的结合点，选择了一条适合自己走的道路，最终获得了成功。

生活中经常会遇到这样的人，他们对自己没有清醒的认识，不知道自己的长处所在。在目标的选择上，他们要么以成功人士的选择为选择，要么就是被身边的环境所左右，跟在别人的屁股后面找出路。如果一个人抱着这样的人生态度的话，他是永远不会取得成功的。

在做事情的时候，我们可以学习别人的经验，但是不能盲目地套用别人的模式。每个人都是与众不同的，每个人都有自己的长项所在。要想有所发展，首先应该充分了解自己的性格特征，了解自己的优势所在，在认清自己的基础上，去寻找一条适合自己的道路。

何家湾是黄海边上的一个小渔村，何俊琮从小就在这里长大。近几年来，有不少的外来人到这里避暑、游玩，旅游业一片红火。大量的外地游客带来了大量的商机，很多何家湾的村民开始卖起了海鲜食品，赚了不少的钱。许多人觉得做餐饮生意能够发财，于是就在何家湾的街头建起了一个又一个的小吃店、小餐馆。尽管生意不是太红火，但总比打鱼种地的收入多了许多。

何俊琮高中毕业后，他的父母准备凑钱开一家小饭馆，也是想给他一个可以糊口的事业。但是，何俊琮根本不会做菜，也不会下海打鱼。如果选择开饭馆，只能聘请别人来做厨师，还要花钱去市场上买水产品，那样的话根本就挣不着钱。于是，何俊琮拒绝了父母的好意，开始寻找其他商机。经过一番调查后，他发现沙滩上随处可见的贝壳可以制成各种不同的工艺品，拿来出售的话，一定能够得到游客的喜爱。再者，他在上学的时候学过一段时间的美术，对绘画雕刻等方面的东西也有所擅长。

说干就干，他第二天就去海滩上收集了大量的贝壳，然后买来各种颜色的油漆、黏合剂等工具，把这些贝壳设计成了十二生肖、山水风景、花鸟鱼虫等一系列的图案。几天后，何俊琮带着自己设计的贝壳工艺品到各个景点去卖。游客觉得这些工艺品非常有意思，也很有纪念价值，纷纷掏钱购买。当天，何俊琮就净赚了二百元。一年之后，何俊琮扩大生产规模，成立了自己的“贝雕工艺中心”，到当地工商部门注册后，招了几个帮手和自己一起干，产品卖到了全国各地。

俗话说“三百六十行，行行出状元”，任何职业和行业都有做大做强的可能。不过，“出状元”的前提是自己是否擅长这一领域，选择了不擅长的领域，你可能需要付出比别人多百倍的努力，甚至有时哪怕你付出百倍的努力来，也会毫无成效。因此，我们在选择职业或者是事业的时候，不能过于盲目，也不能着急地跟在别人后面去做。首先要做的，是正确地审视自己，认清自己的长项所在。做到这一点，你可以少走很多弯路，也更容易有所发展、获得成功。

2. 选择与自己的强项相结合的事业

这个世界上不存在十全十美、样样精通的天才。在自身领域有所建树的人，并不代表着他们在任何领域都能做得很好。想要成功，秘诀之一就是了解自己的优势，在追求成功的道路上选择经营与自己的强项相结合的事业。

西方有句话叫作“条条大路通罗马”，它的意思是说走向成功的道路有很多条。但是，这许多条通向罗马的道路中，未必所有的道路都适合自己。如果我们盲目地选择，或是只知道跟在别人的后面，最终不过是邯郸学步，不仅得不到成功，反而会丧失本来的优势。

马克·吐温是19世纪美国著名的职业作家和演说家，他在文学界取得了很大的成就，得到了全世界的认可。不过，当初他的理想却并不是作家，而是一心想成为一名成功的商人，为此，早年的时候，他栽了不少跟头，吃了不少苦。

马克·吐温曾经投资开发打字机的生意，最后不仅没有发财，反倒赔掉5万美元。后来，他看到出版商因为发行他的作品而大发横财，心里觉得很不服气，认为自己也能赚到这笔钱，于是，他又投资开办了一家出版公司。不过，事情远没有他想象的那么顺利，出版业虽然属于文化产业，但却更属于商业，因为不懂经营，马克·吐温的出版公司很快就倒闭了，他本人也陷入债务危机。

经过这两次打击，马克·吐温终于认识到自己毫无商业才能。他断了经商的念头，开始在全国巡回演说。这回，马克·吐温完全没有了商场中的狼狈，他以才思敏捷、风趣幽默的口才为自己迎来了成功。靠着写作和演讲，他不仅还清了所有债务，还让自己的生活得到了很大的改善。

从成功心理学的角度来说，判断一个人能否取得成功，最重要的不是看他取得了多大的成就，而是看他能否最大限度地发挥自己的优势，实现自我。每个人都有能力达不到的地方，也存在着别人无法超越的长处。我们应该学会扬长避短，经营自己的强项，只有这样，才能给个人发展带来广阔的空间，实现生命的增值。

相关专家研究发现，人类存在四百多种优势，但日常生活中，我们目光所及的优势种类其实少之又少。从这一角度看，有的人充满了自卑的心理，觉得自己一无是处，没有任何值得骄傲的地方，这种想法是不可取的，也是不科学的。善于发现自己的优势，对自己充满信心，是成

功路上不可或缺的品质。不被他人看好的人，更要正视自己，挖掘自己的优势所在。

在别人看来，德塞纳维尔是一个一无是处的庸才。不过，他自己却并不这样认为，他觉得自己身上存在着一些与众不同的东西。

一次偶然的机会，德塞纳维尔的脑海中突然响起了一阵乐曲，他立即把这一乐曲大致哼了出来，并用录音机进行了录制，随后，又请人把这段曲子写成乐谱，以其大女儿的名字将这段乐曲命名为《阿德丽娜叙事曲》。

谱好曲之后，他到罗曼维尔市的一个游艺场上找了一个钢琴演奏员来为之录音。他找的这个演奏员非常穷酸，毫无名气。德塞纳维尔就给他取了一个艺名，叫理查德·克莱德曼……

没想到，这一弹奏竟然轰动了整个音乐界。这首曲子的唱片在全世界一下子就卖到了2600万张，德塞纳维尔突然成为了音乐界的名人。当别人采访他的时候，他如实地回答说："我不会玩任何乐器，也不识乐谱，更不懂和声。但是，我喜欢哼哼，哼唱出一些大众喜欢听的调子。"

后来，德塞纳维尔一直从事作曲，从不写歌。20年间，他先后作了几百首曲子，这些曲子在全球范围内广泛流行。

西德尼·史密斯说："不管你擅长什么，都要顺其自然；永远不要丢开自己天赋的优势和才能。"经营自己的强项，是获得成功的法宝。在生活中，我们不能盲目地跟在别人的后面找出路，更不能妄自菲薄，

把自己看得一无是处。一定要正视自己，了解自己的优势所在，明白自己适合做什么样的工作。选择与自己的强项相结合的事业，这更有助于你有所建树。

3. 找准自己的位置，不要站错舞台

许多人都在努力地奋斗，但是他们在经过一段时间的努力之后，却感到非常迷茫。一旦碰到了这样的情况，就应该停下脚步好好想一下，自己是不是站在了一个错误的舞台上。如果发现位置出错的话，就应该及时回过身去，寻找一个真正适合自己的地方。

德国哲学家尼采说："如果你选准了自己的位置，你的人生就有了一个充满希望的起点。"那么，怎样才算是找到自己的位置呢？答案其实很简单：只要是适合自己的，能够为自己的长远发展提供基础的，就是好的位置。生活中，许多人热切期盼着成功，但首先对成功的认识就是错误的。他们把别人当成榜样，看到别人头上的光环之后就觉得那也是自己需要的，别人的道路自己也一定能走得通。然而，他人的成功经验是可以借鉴的，却是不可复制的。别人的路适合别人走，却未必适合你。如果不加选择地以别人的选择为自己的目标，那么，你在进行的道路上将会感到倍加痛苦和迷茫。

华兹华斯曾说过："适合自己的生活才是美好而诗意的。"同理，只

有适合自己的道路才会有美丽阳光和迷人风景。固然，路途中会伴随着一些崎岖和坎坷，但是因为我们选择了正确的方向，心中有了明确的路标，拼搏和努力也就有了强大的动力支持，这样的路走起来可能是不平坦的，但却是有意义的。

生活中，有不少人不是不愿意努力和奋斗，而是他们觉得自己身上存在着大量的缺陷，种种负面的因素在阻挠着自己。很多人也就此选择了堕落和沉沦。实际上，他们这样的情况也是找不准自己位置的表现。我们应该知道，每个人都具备与生俱来的能力和特长，从来没有一个人是一无是处的。同样地，每个人都有适合他发展的平台，暂时的不如意不过是尚未找到适合发挥个人才能的空间。

20 世纪 90 年代，一个女孩因为发挥失利，没有考上大学。落榜之后，她在本村的小学做了代课教师。在做代课教师期间，因为生性内向，她讲课的时候无法完成正常的教学内容，最后被学校辞退了。回到家里，她伤心地哭了起来，感觉自己是一个没用的人。母亲看到之后，替她擦干了眼泪，安慰她说，没有必要为这个伤心，有更适合你的事等着你去做。

后来，这个女孩外出打工，她先后做过销售员、纺织工、服务员等工作，但是最终都被辞退了。每次遇到挫折之后，她都要回到家里向母亲哭诉一番，母亲总是安慰她，一句重话都没说过。

女孩迎来了她的 30 岁，凭借着一点语言天赋，她来到一家聋哑学校做教师。积累了一定的工作经验后，她自己开办了一家残疾人学校。

再后来，她在许多城市都开办了残障人用品连锁店。这时候的她，已经身家千万。

有一天，她问母亲：当初她失败的时候，为什么母亲始终对她那么有信心呢？母亲的回答既朴实又深刻。她说，一块地，不适合种麦子，可以试试种瓜果；如果瓜果也长不好的话，可以种蔬菜；如果蔬菜也种不好的话，撒上一些荞麦种子一定能够开花，总有一种种子会适合它。只要找对了种子，就一定能够有收成的。

一块地，总会有一种种子适合它。我们每个人就像一块土地一样，贫瘠也罢，肥沃也好，总会有属于这块土地的种子。要想取得自己的收获，首先就应该找到属于自己的种子。

古罗马诗人奥维德说过："认识自己，找准自己的位置，是生命焕发光彩的前提。"正确地认识自己，找准自己的位置，不站错舞台，每个人都可以让生命最大限度地充满意义。

4. 把简单的工作做到尽善尽美

不少人在工作和生活中并不缺乏雄心壮志，但是却因为渴望成功的愿望过于强烈，以致总想着一夜暴富、一举成名。他们过于挑剔，不把简单的工作看在眼里，认为做这些小事是对自己能力和人格的侮辱。在工作和生活中，他们的态度显得比较消极，不但不认真做事，而且牢骚满腹，怨天尤人。

或许，我们眼下所从事的工作和我们的理想距离遥远，但这并不代表对理想毫无助力。我们所从事的工作或许是简单的小事，但却并不卑微。做好小事是为了给将来的成功打下坚实的基础；只有把简单的工作做到尽善尽美，才能做成大事。

野田圣子是日本小渊惠三内阁时期最年轻，也是唯一一名女性大臣，她的事业起点是从负责清洁厕所开始的。

野田圣子在帝国酒店培训期间，被安排了清洗厕所的工作。野田圣子对此感到不满，因为她从小到大从来没有做过如此粗重的工作。当她第一天上班，刚刚伸手碰到马桶的时候，就差点吐了出来。上班还不到一个月，她就对这份工作产生了厌恶的情绪，多次想辞职不干。有一天，她发现一名和她一起工作的前辈在清洁马桶后，从里面盛了满满一杯水一饮而尽。野田圣子感到不可思议，觉得那位前辈疯了。那位前辈却笑着告诉她："我相信自己清洁过的马桶是最干净的，里面的水完全可以饮用。如果不敢喝，只能证明自己的工作做得不好。"

野田圣子听后，羞赧地低下头去。她感觉自己的工作态度不端正，根本没有资格在社会上肩负起任何责任，也没有资格去做大事。自此，她暗暗发誓："就算一生要洗厕所，也要做洗厕所界最出色的人。"

在训练课程的最后一天，野田圣子清洁完马桶之后，一如她的前辈，平静地喝下了一杯厕所水。这次经历也成为了她以后做人处世的精神源泉。

工作没有好坏之分，有区分的是一个人对待工作的态度。如果一个人的工作态度出现了问题，那么，无论从事什么样的工作他都会感到不满意，也必然会缺少敬业精神。

简单的工作并不代表就可以不尽心尽力，从事简单的工作也并不意味着毫无成就可言。许多成功人士在事业刚刚开始的时候，都从事着一些简单的工作，但是他们并没有因为其简单就采取敷衍的态度，而是尽自己最大的努力把那些工作做到了尽善尽美。也正是因为如此，他们为未来的大事业开创了良好的开端。

郑周永是韩国著名的企业家，他出生于朝鲜半岛通川郡的一个贫苦农民家庭。1934 年，郑周永的家乡遇到了百年不遇的干旱。大旱之中，全家都在死亡线的边缘苦苦挣扎。为了摆脱困境，郑周永告别了父老乡亲，离开了家乡，踏上了去往汉城（首尔）的路。

来到汉城（首尔）之后，经过了很长一段时间，郑周永才找到了一份让他比较满意的工作——在一家商会的粮米购销行做粮食发放员，每个月的薪水是 18 块钱。郑永周十分珍惜这份来之不易的工作，对这份工作尽职尽责。上班第一天，他就在没有老板吩咐的情况下，主动整理了杂乱无章的仓库，将米按照十袋一组进行有秩序的排列。杂粮则按照十袋一组的方法放在另一处。这样就能让工作人员对仓库里粮食的种类和数量有比较清楚的了解，也方便了老板掌握各种粮食进出库的具体情况。

郑周永在工作期间十分细心，时刻注意着老板的一言一行，从老板那里学了不少经营米行的本领。另外，他在工作中主动地去结识米行圈子里的人，主动地向他们请教问题，和他们沟通看法，并且和他们成为很好的朋友，为自己在米行的圈子里赢得了很好的口碑。

经过了长期的准备，郑周永终于等来了机会。1937年，他所在米行的老板因为自己的儿子欠了大量的外债，不得不把自己的米行盘出去用来还债。郑周永就和一个好朋友合作，联手盘下了这家米行，自己做起了老板。他充分利用三年来学到的种种经营经验，对前任老板的经营方式进行了大规模的改善和补充，不仅留住了老客户，还发展了一大批新客户，在短时间内就在汉城的米行业中取得了很好的声誉，同时拉开了他商海弄潮的序幕。

自从郑周永1937年开办第一家米店以来，一次次地创造了奇迹，为自己的人生谱写了美丽的篇章。经过多年的努力打拼，他创建了以“现代电子”“现代建设”“现代造船”为核心的现代企业集团。郑周永也成为了全亚洲最著名的企业家之一。

一位名人说过：“我只做一件事——努力完美。如果我只是大雨中的一颗小水珠，至少我要努力使自己成为最完美的一滴；如果我是六月的一片树叶，至少我要努力使自己成为一片鲜绿的叶子。”无论面对多么简单的工作，我们都要尽自己的最大努力，争取达到最佳的效果。只有这样，才能够获得机会的信赖和成功的垂青。

5. 换个角度思考，让运气转身

有人曾说："生活中最大的成就是不断地自我改造，以使自己悟出生活之道。"的确，在很多情况下，外物是无法改变的，我们能改变的只是我们的思想。尤其是当问题看似走到死胡同的时候，如何转换思维是非常考验一个人的心态和智慧的。生活是由一串串烦恼穿成的念珠，面对困境和难题，自暴自弃、怨天尤人都是弱者所为。转换角度，积极思考，才是强者的做法。学会变通，当情况陷入僵局或不好的情境时，尝试换一个角度思考问题，你会发现一切事情都有转机。

有位秀才在进京赶考的途中住进了一家客栈。这天晚上，他做了三个奇怪的梦。第一个是梦见自己在墙上种白菜。第二个是下雨天里，他手中打着一把伞，头上戴着一个大斗笠。第三个梦是终于能和自己心爱的表妹睡在一张床上，但是背靠着背。

天亮之后，秀才对这三个梦境的征兆百思不得其解，就赶紧找了算命先生来解梦。算命先生听他讲完，胡子一翘，拍着大腿说："你这个梦可是不祥之兆啊！你想啊，在高墙上种白菜，这不是白费劲吗？下雨天打伞还戴斗笠，不是多此一举吗？你和表妹都躺在一个床上了，但是却背靠着背，不是没戏吗？我劝你还是早日回家吧。"

恐慌不已的秀才听完更是心灰意冷，准备打点行装往家里赶。店主看到之后，感到很不解，就问他："考试的时间就快到了，你回家干什么呀？"秀才垂头丧气地把算命先生的话转述了一遍。店主听完就笑了："我以前也是算卦的，这个梦我也会解。我倒觉得你这一科是势在必得。你想想，墙上种菜不是高中吗？打伞戴斗笠不是说明有备无患吗？和你表妹背靠背躺在床上，不是说明你翻身的机会就要到了吗？"

秀才一听，转悲为喜，觉得更有道理，于是信心十足地参加了考试。最后，高中探花。

当遭遇难题时，不要一味地去"撞墙"，指望"把墙撞倒"，而是应该多一点韧性，在必要的时候转一转，绕一绕弯。那些不只是坚硬且兼具柔韧和弹性的人，在战胜挫折方面会表现得更加出色。

有时，绝望中孕育着希望，失去中蕴藏着收获。当你面对生活中的不如意时，不要灰心，不要以为迎接自己的就是失去，保持一颗平常心，也许换个角度，就跨越了得失的界限。所谓"失之东隅，收之桑榆"，在人生的道路上，面对暂时的困难不气馁，终会出现柳暗花明的局面。

一家公司在城市的边缘地带建了一栋49层高的大楼。为了提高知名度，该公司的智囊团绞尽了脑汁，最终也没有想出一个好法子。正在这时，偏偏有一群不"识趣"的鸽子飞进了顶层的房间，赶也赶不走。几天后，大厦顶层的房间里，羽毛、鸽粪遍地都是，公司上下对此既哭笑不得又无计可施。

一名公关顾问突然想到了一个点子。他下令让员工迅速关闭所有门窗，不让一只鸽子飞走，然后以公司的名义告知动物保护委员会，要求派人到公司协助处理有关动物保护的大事；接着，又通知各大媒体前来观看这场颇有趣味的捉鸽事件。

捕捉这些鸽子共用了三天的时间。在这三天里，这个城市的各大媒体都把镜头对准了这座大楼。趁此机会，公司领导纷纷在荧屏上亮相，他们表示将把支持动物保护视为自己义不容辞的责任，之后又“捎带”着向观众介绍了公司的服务范围和宗旨。到了第三天，公司还举行了一次声势浩大的“鸽子放生活动”，邀请了各界知名人士，当地电视台以直播的形式报道了这一事件。很快，这家公司就在社会上树立了良好的企业形象，知名度获得了广泛提高。

公司的办公大楼成了“鸟巢”的确是一件让人头痛的事，不过该公司却把这件事变成了为公司做广告的资本，最终为公司带来了滚滚的利润。可见，坏事不一定都是坏处，运用得当，也能变成好事。

宋代诗人陆游有一句诗：“山重水复疑无路，柳暗花明又一村。”无论遇到多大的问题，我们都不能乱了分寸，而是要用健康积极的心态去面对。只要我们能走出心理认识的误区，转换角度积极地思考和看待问题，就能够抓住机会，走出困境，开创一片美好的天地。

6. 让自己的长项与别人的长项互通有无

歌德曾经说过："不管努力的目标是什么，不管他干什么，他单枪匹马总是没有力量的，合群永远是一切善良思想的人的最高需要。"如今，绝大部分的工作都需要合作才能够完成。个人主义早已不适合现代社会的发展需求。一个人的能力是有限的，依靠个人的单打独斗是不可能成功的。

每个人都拥有自己的长项，但是，这些长项还不足以让我们把工作做到尽善尽美。我们需要将自己的长项和别人的长项互通有无，以弥补自身的缺陷。合作能够产生巨大的能量。只有当我们和别人进行长项的互通有无时，才能够让自己的优点得到更好的发挥。

住持方丈派两个小和尚分别去管理山下两座已经荒废了的寺庙。

第一个小和尚性格朴实，待人也非常诚恳热情。遇到游客，他总是笑脸相迎。因此，游客一天天地多了起来。但是，这个小和尚在其他的事情上却是一个外行，既不懂得如何保持寺院清洁，更不懂得如何去管理游客给的香火钱。结果到了最后，寺庙的经济状况依然是入不敷出，寺庙的外观依旧是破烂不堪。游客对这里的环境感到很不满意，渐渐地，来的人也少了。

第二个小和尚在理财上是一把好手，也非常注重寺庙的整洁。在他的打理下，破烂的寺庙在外观上得到了很大的改变。但是这个小和尚却不懂得待人接物，游客来的时候，他总是板着脸，难见一丝笑容。游客们见此，也失去了来游玩的兴致。过了一段时间，游客越来越少，香火钱也越来越少了。

后来，方丈下山来检查他们的工作，看到这样的情况之后非常不满意。方丈问清楚了事情的缘由，想了一下，决定让他们两个共同管理一间寺庙。第一个小和尚负责接待游客，第二个小和尚负责财务和卫生。

两个小和尚实现了优势互补。在他们两人的精心管理下，寺庙呈现出一派欣欣向荣的景象，寺院里的香火也越来越旺了。

每个人都有自己的长项，也有自己的短处。如果选择单独行事的话，往往会因为短处的束缚而难以取得成功。如果能够和别人进行有效的合作，不仅能够减少短处的负面影响，还能够让自己的长项得到更好的发挥。正如叔本华所说："单个的人是软弱无力的，就像漂流的鲁滨逊一样，只有同别人在一起，他才能完成许多事业。"

雅虎创始人杨致远在美国斯坦福大学上学的时候，和费罗搭档一起做过研究作业。那一次的合作非常愉快，很快，两个人就成了亲密无间的好朋友，在一些重大的课题上进行了愉快而有效的合作。杨致远和费罗是两个性格完全不相同的人。杨致远喜欢沟通和思考，有着很强的社会交际能力，在社交场合和社团活动中，经常处于领导的地位；而费罗则是一个知识渊博、工作扎实、不善言谈的人，在科学研究上是当之无愧的天才。两个人共同创建了“雅虎”，取得了卓越的成就。大家认为，杨致远是一个天才，是一个战略家，而费罗将杨致远的战略构想变成现实，他们的合作珠联璧合。

术业有专攻，医术再精湛的医生想要完成一项手术，也必须有几个技术熟练的护士进行配合。一个人如果没有和别人进行合作的精神，即使他的才华出众，技能纯熟，也很难有事业上的建树，甚至对这个社会也会感到不适应。

现代社会，职业分工越来越细密，一个人的能力和精力是有限的，无法做到样样精通。如果我们在任何事情上都追求独立解决的话，最终的结局大多都是失败。对于我们来说，要想成功，仅仅认清自己的长项是远远不够的，同时还要懂得将自己的长项和别人的长项进行相互融合，通过有效的合作来让自己不断进步，走向成功。